石油教材出版基金资助项目

高等院校特色规划教材

电工与电子技术实验教程

主　编　杨秋菊　汤梦阳　雍　涛
副主编　赵书朵　吕源梅　袁夕茹

石油工业出版社

内容提要

全书共分6章，精选了22个实验，内容包括电工技术实验和电子技术实验，涉及电工、电路、电动机及其控制、模拟电子技术、数字电子技术等科目，同时还给出了 Multisim 14 和常用电子仪器使用简介。实验内容由浅入深、由简到繁，覆盖面广，而且每个实验的操作步骤详细，在实验后附有开拓思维的思考题，旨在全方位培养学生的实践动手能力和面向工程设计应用的知识处理能力。

本书可作为高等工科非电类专业本科、高职高专院校相关专业的实验指导书，也可供其他相关工程技术人员参考。

图书在版编目（CIP）数据

电工与电子技术实验教程/杨秋菊，汤梦阳，雍涛主编—北京：石油工业出版社，2020.2（2025.8重印）

高等院校特色规划教材

ISBN 978-7-5183-3866-5

Ⅰ. ①电… Ⅱ. ①杨…②汤…③雍… Ⅲ. ①电工技术—实验—高等学校—教材②电子技术—实验—高等学校—教材 Ⅳ. ①TM-33②TN-33

中国版本图书馆 CIP 数据核字（2020）第013381号

出版发行：石油工业出版社
 　　　　（北京市朝阳区安华里2区1号楼　100011）
 　　网　址：www.petropub.com
 　　编辑部：（010）64256990
 　　图书营销中心：（010）64523633　（010）64523731
经　　销：全国新华书店
排　　版：北京密东文创科技有限公司
印　　刷：北京中石油彩色印刷有限责任公司

2020年2月第1版　2025年8月第4次印刷
787毫米×1092毫米　开本：1/16　印张：8.75
字数：222千字

定价：20.00元
（如发现印装质量问题，我社图书营销中心负责调换）
版权所有，翻印必究

前　　言

为更好地培养学生的实验技能，同时巩固和加深理解所学的理论知识，结合西南石油大学实验设备编写了本实验教程。

本着由浅入深、由简到繁、循序渐进的原则，本书将实验内容划分为验证性实验、综合性实验、设计性实验和仿真性实验 4 个层次。

本书前两章概述了电工及电子技术实验的目的和意义、实验基本程序、实验安全以及实验报告的编写，介绍了测量的基础知识、基本方法，常用电路元器件的基础知识，以及常用仪器的使用方法。所涉及内容弥补了理论教学的不足，使学生对实验中应该注意的问题有所了解，逐步建立系统的、工程的观念。

第 3 章、第 4 章是验证性和综合性实验，内容包括直流电路、交流电路、动态电路、三相电路、电动机控制及模拟电子技术、数字电子技术等相关实验。学生通过学习，可掌握电工电子电路基本原理及基本实验方法，从而培养学生从实验数据中总结规律、发现问题、解决问题的能力。

第 5 章、第 6 章是设计性和仿真性实验，内容包括电子电路设计方法、模拟电子电路的设计、数字电子电路的设计以及虚拟仿真设计。通过学习，可提高学生对基础知识、基本实验技能的运用能力，掌握参数及电路的内在规律，加深对单元功能电路的理解；熟悉 Multisim 14 的仿真应用，从而提高学生综合运用知识的能力。

本书由西南石油大学信息学院组织相关教师编写，由杨秋菊、汤梦阳、雍涛担任主编，赵书朵、吕源梅、袁夕茹担任副主编，具体编写分工如下：第 1 章、第 3 章后 3 个实验以及附录 2 由杨秋菊编写；第 2 章由袁夕茹编写；第 3 章前 3 个实验由吕源梅编写；第 4 章由赵书朵编写；第 5 章由雍涛编写；第 6 章及附录 1 由汤梦阳编写。全书由杨秋菊统稿。

本书在编写过程中得到了谌海云教授、谌贵辉教授的指导，并提出了不少可行性建议和改进措施，在此向各位一并表示衷心的感谢。

由于编者水平有限,书中难免存在一些疏漏或不妥之处,敬请读者批评指正,多提宝贵意见。

编　者

2019 年 12 月

目 录

第1章 概述 1
1.1 实验目的和意义 1
1.2 实验基本程序 2
1.3 实验安全 3
1.4 实验报告 4

第2章 实验基础知识 5
2.1 测量的基础知识 5
2.2 常用电路元器件的基础知识 6
2.3 常用仪器的使用 23

第3章 电工技术实验 25
3.1 实验一 叠加定理与戴维南定理的验证 25
3.2 实验二 一阶 RC 电路的测试 28
3.3 实验三 RLC 元件的阻抗特性和谐振电路的研究 32
3.4 实验四 单相正弦交流电路及功率因数的提高 34
3.5 实验五 三相交流电路实验 38
3.6 实验六 三相异步电动机的直接启动和正反转控制 42

第4章 电子技术实验 46
4.1 实验七 单级放大电路的测试 46
4.2 实验八 集成运算放大器的线性运用 50
4.3 实验九 整流、滤波、稳压电路的测试 55
4.4 实验十 集成逻辑门电路的逻辑功能测试 60
4.5 实验十一 组合逻辑电路的功能测试 64
4.6 实验十二 基本触发器逻辑功能测试 68
4.7 实验十三 计数器的使用 72
4.8 实验十四 555 定时器的使用 75

第5章 电子电路设计性实验 81
5.1 电子电路基本设计方法 81
5.2 实验十五 有源滤波器的设计 84
5.3 实验十六 函数发生器的设计 87
5.4 实验十七 直流稳压电源的设计 90
5.5 实验十八 MSI 组合逻辑电路的设计 94

第6章 仿真实验 ··· 99
6.1 实验十九 叠加定理仿真测试 ··· 99
6.2 实验二十 RLC串联谐振电路仿真测试 ··· 101
6.3 实验二十一 单管交流放大电路的仿真测试 ··· 103
6.4 实验二十二 集成逻辑门电路仿真测试 ··· 109

参考文献 ··· 113

附录1 仿真软件Multisim 14介绍 ··· 114
附录1.1 Multisim 14用户界面 ··· 114
附录1.2 Multisim 14仿真基本操作 ··· 116

附录2 常用电子仪器的使用说明 ··· 121
附录2.1 DT9205A数字万用表 ··· 121
附录2.2 SDS 1202X-E双通道示波器 ··· 122
附录2.3 SPD3303C可编程线性直流电源 ··· 126
附录2.4 SDG1062X双通道函数信号发生器 ··· 129
附录2.5 TC1931D交流毫伏表 ··· 132

第1章 概述

1.1 实验目的和意义

实验教学是高等教育的一个重要环节,也是理论联系实际的重要手段。对电工、电子技术实验课而言,通过动手实践,可以使学生加深对基本概念和原理的理解与掌握,还可以提高学生的动手能力,以及分析问题、解决问题的能力,增强学生的创新思维能力,让学生将课上所学到的分析和设计方法更好地应用于实践之中,培养学生成为适应社会发展需求的应用型人才。此外,通过实验达到以下目的:

(1)训练学生的基本实验技能。学习各种常用元器件的基础知识及测量方法,学习各种常用电子仪器、电工仪表、电机电器等的使用方法,掌握基本的电工电子测试技术、实验方法及数据分析处理方法,以及分析、查找和排除电路中故障的能力。

(2)巩固理论知识,加深知识理解。理论结合实际,让学生更加深入地理解所学的概念和规律,培养学生面向工程设计应用的知识处理能力。

(3)培养学生端正的工作态度,严谨、实事求是的科学作风,勇于探索创新的开拓精神以及良好的实验习惯。

电工与电子技术实验包括电工技术实验和电子技术实验,涉及电工、电路、电动机及其控制、模拟电子技术、数字电子技术等科目,具体可划分为4个层次:验证性实验、综合性实验、设计性实验和仿真性实验。

验证性实验主要针对电工和电子技术学科范围内的理论验证和实践技能的培养,着重打好基础。这类实验除了巩固和加深相关重要的基础理论外,还有助于学生认识现象,掌握基础实验知识、基本测试方法和基本实验技能。

综合性实验能够提高学生对整体电路的把控以及单元功能电路的理解,了解各功能电路之间的相互作用和影响,掌握各功能电路之间参数的设置和匹配关系,了解模拟电路和数字电路之间的有效结合,从而提高学生综合运用知识的能力。

设计性实验可提高学生对基础知识、基本实验技能的运用能力,掌握参数的设置对电路的影响以及电路的内在规律,真正理解和掌握如何让电路从理论设计走向实际应用。

仿真性实验可以将理论与实践有机连接,学生通过掌握仿真软件的功能、特点,以及它的使用,学会各种电子电路的仿真设计方法,可提高学生的创作兴趣及创新能力。

1.2　实验基本程序

为保证实验的顺利进行,达到实验的目的,学生应做到以下几点。

1.2.1　做好实验前的预习

为了避免实验的盲目性,并能在规定时间内高质量完成实验任务,学生必须做好实验前的预习。预习内容包括仔细阅读实验指导书,明确实验的目的、原理、任务、方法,了解实验内容,并完成实验的预习报告。预习报告包括：

(1) 本次实验的目的、任务,本次实验所涉及的相关理论。

(2) 根据给出的实验电路及相关参数,进行必要的理论推导及计算。

(3) 了解本次实验所使用的实验设备,并根据实验内容熟悉仪器设备的性能及操作要点。

(4) 本次实验的实验步骤应简单概述,做到心中有数,并对步骤中的关键操作点做好记录。

对于设计性实验,除了进行上述预习步骤外,还应在预习中完成以下任务：

(1) 根据实验项目中所提出的设计任务和要求,进行有关资料的查阅,学习相关的理论知识。

(2) 进行电路的方案设计,选择合适的电路元件参数,画出相应的电路图,并自行仿真验证。

(3) 确定实验步骤和测量方法,选择合适的测量仪器。

1.2.2　做好实验中的电路搭接

在完成理论学习及实验前的预习后,就将进入实验操作阶段。应做到以下几点：

(1) 仪器设备与实验装置布局合理。实验过程中,首要考虑各种仪器设备与实验对象之间布局的合理性,一般应遵循利于走线、方便操作和测试、防止相互影响的原则。

(2) 实验电路的安装、接线的合理性。根据电路的结构特点,选择合理的接线步骤。一般是"先串后并"、"先分后合"或"先主后辅",养成正确的、良好的实验操作习惯。

(3) 仔细调整。电路参数应调整到实验所需值,调压器、分压器等可调设备的起始位置要放在最安全处。

(4) 仔细检查。整体电路接好后,先不要急于接通电源,应先对照实验电路图,逐项检查实验电路板上的元器件与接线、各种仪表、设备的连接是否正确,注意防止碰线短路等问题。特别值得注意的是,电工实验中要使用220V或380V的电压,实验者务必要按操作要求进行实验,以保证人身安全和仪器设备不会损坏。

(5) 仔细观察。确认无误后,接通电源。此时应仔细观察仪器仪表的数据、指示变化情况,同时还应注意观察仪表设备有无异常情况(如过热、发光、异味、异响等)出现。如有异常,应立即切断电源,查找故障原因。

1.2.3 做好实验中的测量

检查无差错、接通电源后,进行实验现象观测和实验数据测量、记录,这是实验过程中非常重要的环节。在读数时,对于指针式仪表,读数姿势要正确,做到"眼、针、影成一线",同时应注意测量仪表的量程选择合适,减小误差。

实验中测到的原始数据应完整地、清晰地记录下来,不得随意涂改,要注意培养学生严谨、实事求是的科学实验作风。

在电路的安装与调试过程中,不可避免地会出现各种各样的故障现象,因此在电工、电子技术实验中检查和排除故障也是实验的重要环节,实验者应掌握常见故障的检查和排除的基本方法。

1.2.4 做好实验后的整理

实验内容全部完成后,应先切断电源,但实验电路暂时不要拆除,而是应将实验结果认真检查一遍,如无遗漏和错误,将实验原始数据交给指导老师检查,确认无误后方可进行电路拆线。最后,应把所用仪器设备复归原位,并整理好各种连接线。

1.3 实验安全

要严格遵守实验室的各项安全操作规程,确保实验过程人身安全和仪器设备安全。

1.3.1 遵守操作规程,确保人身安全

(1)接线、改接线和拆线,均应在断开电源的状态下进行,不得带电操作,不能触及带电部分。

(2)发现异常情况(如过热、发光、异味、异响等),应立即切断电源,切不可惊慌失措,以防止事故扩大。

(3)在调试时,要逐步养成单手操作的习惯,并注意人体与大地之间有良好的绝缘。

1.3.2 正确使用仪器设备,确保实验仪器和设备安全

(1)在仪器使用过程中,不要频繁开关电源,因为多次开关电源可能会引起冲击,使仪器的使用寿命缩短。

(2)注意仪器设备的规格、量程。当被测量大小无法预估时,应先从仪表最大量程开始测量,然后根据数据逐渐减小量程。

(3)不了解仪器设备的使用方法时,不得随意使用该仪器设备。不能随意摆弄与本次实验无关的仪器设备。

1.4 实 验 报 告

实验报告是整个实验的重要组成部分,它是实验结果的总结和反映,也是实验的继续和提高。通过撰写实验报告,可以使知识更加条理化,同时培养学生综合分析问题的能力。一个实验的价值在很大程度上取决于实验报告质量的高低,因此对实验报告的撰写必须充分重视。

撰写一份高质量的实验报告必须做到以下几点:

(1) 以实事求是的科学态度认真做好每次的实验。在实验过程中,对所测的各种实验原始数据应按实际情况记录下来,不应擅自随意修改,更不能弄虚作假。

(2) 对测量结果和所记录的实验现象,能够进行正确的分析与判断,不能只对测量结果机械性记录,而对其正确与否漠不关心,从而导致因结果明显错误而重做实验浪费时间。

(3) 实验报告的主要内容一般应包括以下几个方面:

①实验目的;

②实验设备;

③实验电路;

④实验步骤和测试方法;

⑤实验数据;

⑥实验数据分析;

⑦实验结论、体会和建议。

在撰写实验报告时,常常要对实验数据进行科学的处理,才能找出其中的规律,并得出有用的结论。常用的数据处理方法是列表和制图。实验所得的数据可分类记录在表格中,这样便于对数据分析和比较。实验结果也可绘成曲线直观地表示出来。

第 2 章 实验基础知识

2.1 测量的基础知识

测量是按照某种规律,用数据来描述观察到的现象,即对事物做出量化的描述。可以将测量定义为:用实验的方法将被测量直接或者间接地与作为测量单位的标准量相比较的过程。

2.1.1 测量的特点

测量所涉及的范围广,被测对象复杂,无论是电量还是非电量测量均可以采用电量测量法。该方法的优点有:

(1)测量频率范围宽。电子测量可以测量直流电量,也可以测量交流电量,其频率范围可达 $10^{-6} \sim 10^{12}$ Hz。如 DF-2170A 型晶体管交流毫伏表可对频率为 5Hz~2MHz 的信号进行测量,万用表一般只能测量 1kHz 以下的信号。

(2)量程范围宽。量程是指仪器测量范围上限值和下限值的差值。例如,普通万用表的测量范围为几伏至几百伏,约两个数量级,而晶体管交流毫伏表的测量范围可从几毫伏至几百伏,达到 5 个数量级,数字电压表可达 7 个数量级。

(3)测量精度高。就电子仪器的精度而言,目前已达到相当高的水平,而电工仪表能达到误差 0.1% 以下已是很少见的了。

(4)易于实现测量自动化和测量仪器微机化。由于大规模集成电路和微型计算机的应用,使得测量出现了新的发展方向。例如,在测量中能够实现程控、量程自动转换、自动校准、自动故障诊断、自动修复,可以实现对测量结果的自动记录、自动数据运算、分析和处理。

2.1.2 测量的手段

测量是通过量具、仪器、测量装置或测量系统来实现的。

(1)量具。量具是用固定形式复现量值的计量器具,如标准电阻,但在实际中,较少使用量具,而是使用直读式仪器。

(2)仪器。仪器是指一切参与测量工作的设备,包括直读设备、仪表、电源设备及辅助设备等。

(3)测量装置。测量装置是指由多台测量仪器及有关设备组成,用于完成测量任务的整体。

（4）测量系统。测量系统由若干个不同用途的测量仪器及有关辅助设备组成，用以完成多种参量对的综合测试系统。

2.1.3 测量的方法

测量的方法有很多，根据测量仪器的不同，可以将测量方法分为以下3种：

（1）直接测量法。这是一种对被测对象直接进行量测并获得其数据的方法。

（2）间接测量法。不对被测量进行直接测量，而是对一个或几个与被测量值有确切函数关系的物理量进行测量，然后通过计算或推测得出被测量，这种测量方法称为间接测量法。

（3）组合测量法。在某些测量中，被测量与几个未知量有关，需要改变测量条件进行多次测量，然后根据被测量和未知量之间的函数关系建立方程组，求解出未知量，这是一种将直接测量和间接测量联合使用的精密测量方法，适用于科学实验及一些特殊场合。

2.2 常用电路元器件的基础知识

2.2.1 电阻器

1. 电阻器的作用及分类

1）电阻器的作用

在电路中，主要用来控制电压和电流的二端电子元件称为电阻器，可以作为分流器、分压器，也可作为电路匹配负载；根据电路不同，还具有隔离、滤波（与电容器配合）、匹配和信号幅度调节等作用。在电路图中，电阻器用字母"R"来表示，电路图形符号如图2.1所示。

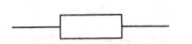

图2.1 电阻器符号

2）电阻器的分类

电阻器可以分为固定电阻器、可变电阻器、敏感电阻器、熔断电阻器和排电阻器等。常见的电阻器外形如图2.2所示。

图2.3是由多个相同阻值的电阻组成的排电阻器，也称为集成电阻器或电阻器网络。有一个公共引出端，每一个阻值都有一个引出端。

2. 电阻器的型号命名

电阻器的型号是由一组字母和数字排列而成的，例如一个标有RJ71-0.125-5.1KⅠ的电阻器，其每部分的具体意义见表2.1。

通过查找相关手册，可以得出，该电阻器是金属镀膜的精密电阻器，额定功率为0.125W，标称阻值为5.1kΩ，允许的误差为Ⅰ级±5%，表2.2将具体对每部分的意义进行详细的介绍。

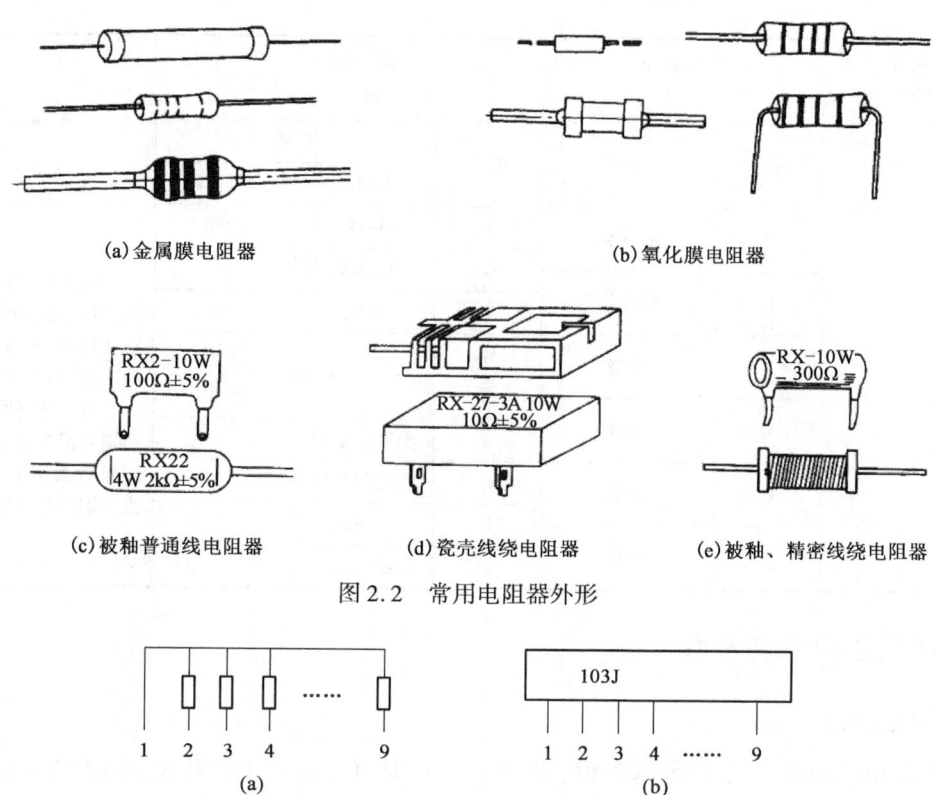

(a) 金属膜电阻器　　　　　　　　(b) 氧化膜电阻器

(c) 被釉普通线电阻器　　(d) 瓷壳线绕电阻器　　(e) 被釉、精密线绕电阻器

图 2.2　常用电阻器外形

(a)　　　　　　　　　　　　　　(b)

图 2.3　排电阻器结构和外形

表 2.1　电阻器型号各部分代表的意义

R	J	7	1	0.125	5.1K	I
第一部分	第二部分	第三部分	序号	功率	标称阻值	允许误差
主称	材料	分类		1/8W	5.1kΩ	I级 ±5%
电阻器	金属膜	精密				

表 2.2　电阻器型号各部分意义

第一部分 主　称		第二部分 材　料		第三部分 分　类			第四部分
符号	意义	符号	意义	符号	意义		
					电阻器	电位器	
R	电阻器	T	碳膜	1	普通	普通	对主称、材料特征相同,仅尺寸、性能略有差别,但基本上不影响互换的产品给同一序号。若尺寸、性能指标的差别已影响互换时,则在序号后面用大写字母作为区别代号予以区别
		H	合成膜	2	普通	普通	
		S	有机实芯	3	超高频	—	
		N	无机实芯	4	高阻	—	
W	电位器	J	金属膜	5	高温	—	
		Y	氧化膜	6	—	—	
		C	沉积膜	7	精密	精密	
		I	玻璃釉膜	8	高压	特殊函数	

— 7 —

续表

第一部分 主称		第二部分 材料		第三部分 分类			第四部分
符号	意义	符号	意义	符号	意义		
					电阻器	电位器	
		P	硼碳膜	9	特殊	特殊	对主称、材料特征相同,仅尺寸、性能略有差别,但基本上不影响互换的产品给同一序号。若尺寸、性能指标的差别已影响互换时,则在序号后面用大写字母作为区别代号予以区别
		U	硅碳膜	G	高功率	—	
		X	线绕	T	可调	—	
				W	—	微调	
				D	—	多圈	
		M	压敏	B	温度补偿用		
		G	光敏	C	温度测量用		
				P	旁热式		
		R	热敏	W	稳压式		

3. 电阻器的主要参数

1) 标称阻值

标称阻值是电阻表面表示的阻值,是指某一范围内有多少个标称值(如 100～1000 范围内),分别有 E6、E12、E24、E48、E96、E192 六个系列,下面列出 E6、E12、E24 系列,如表 2.3 所示。标称阻值必须符合表 2.3 中的数值或所列数值乘以 10^n,其中 n 为整数。

表 2.3 电阻器的标称阻值系列和允许偏差(GB 2471—1995)

允许误差	系列代号	标称阻值系列
±5%	E24	1.0、1.1、1.2、1.3、1.5、1.6、1.8、2.0、2.2、2.4、2.7、3.0、3.3、3.6、3.9、4.3、4.7、5.1、5.6、6.2、6.8、7.5、8.2、9.1
±10%	E12	1.0、1.2、1.5、1.8、2.2、2.7、3.3、3.9、4.7、5.6、6.8、8.2
±20%	E6	1.0、1.5、2.2、3.3、4.7、6.8

2) 允许误差

电阻器的允许误差用电阻的标称阻值与实际阻值的偏差来表示,常用百分数表示,误差越小,电阻精度越高。允许误差分为六个等级,见表2.4,往往标注在电阻器的最后一位数字上。如果是色环电阻,则最后一道色环表示允许误差。

表 2.4 电阻器允许误差等级

误差等级	005	01	02	Ⅰ	Ⅱ	Ⅲ
允许误差	±0.5%	±1%	±2%	±5%	±10%	±20%
字母表示	D	F	G	J	K	
色环表示	绿	棕	红	金	银	本色

3) 电阻器的额定功率

在规定的环境温度和湿度下,假定周围空气不流通,在长期连续负载而不损坏或基本不改变性能的情况下,电阻器上允许消耗的最大功率。额定功率分为 19 级,常用的有 1/20W、1/8W、1/4W、1/2W、1W、2W、4W、5W 等。

4) 电阻器的参数标注方法

(1) 直标法。采用直标法的电阻器,直接用数字将电阻值和允许误差标注在电阻器的表面上,允许误差用百分数表示。额定功率较大的电阻器,将额定功率也直接标注在电阻器上。直标法电阻值的单位有欧姆(Ω)、千欧(kΩ)和兆欧(MΩ)。

(2) 文字符号法。采用数字和文字符号或者有规律的组合来标注参数的电阻器,其电阻值用数字与符号组合在一起表示。通常,文字符号 Ω、K、M 前面的数字表示整数电阻值,文字符号后面的数字表示小数点后面的小数阻值。允许误差用符号表示。例如,9R1K 表示电阻器的电阻值为 9.1Ω,允许误差为 ±10%。

(3) 色标法。色标法就是规定一种颜色代表一个数字,用标在电阻器上不同颜色的色环来标注电阻值和允许误差。色环电阻器分为四色环和五色环两种,表 2.5 列出了四色环各种颜色的色环所代表的数字大小,五色环电阻属于精密电阻,表 2.6 列出了五色环各种颜色的色环所代表的数字大小。

表 2.5 四色环电阻色标颜色与数值对照表

颜色	第一色环	第二色环	第三色环倍率	第四色环误差,%
棕	1	1	$\times 10^1$	±1
红	2	2	$\times 10^2$	±2
橙	3	3	$\times 10^3$	
黄	4	4	$\times 10^4$	
绿	5	5	$\times 10^5$	±0.5
蓝	6	6	$\times 10^6$	±0.25
紫	7	7	$\times 10^7$	±0.1
灰	8	8	$\times 10^8$	±0.05
白	9	9	$\times 10^9$	
黑	0	0	$\times 10^0$	
金			$\times 10^{-1}$	±5
银			$\times 10^{-2}$	±10
本色				±20

表 2.6 五色环电阻色标颜色与数值对照表

颜色	第一色环	第二色环	第三色环	第四色环倍率	第五色环误差,%
棕	1	1	1	$\times 10^1$	±1
红	2	2	2	$\times 10^2$	±2
橙	3	3	3	$\times 10^3$	
黄	4	4	4	$\times 10^4$	
绿	5	5	5	$\times 10^5$	±0.5
蓝	6	6	6	$\times 10^6$	±0.25
紫	7	7	7	$\times 10^7$	±0.1

续表

颜色	第一色环	第二色环	第三色环	第四色环倍率	第五色环误差,%
灰	8	8	8	$\times 10^8$	±0.05
白	9	9	9	$\times 10^9$	
黑	0	0	0	$\times 10^0$	
金				$\times 10^{-1}$	±5
银				$\times 10^{-2}$	±10

在实际中,读取色环电阻的阻值应注意以下几点:

①熟记表2.5和表2.6中色环对应关系。

②色环靠近引出端最近的一环为第一环,四色环电阻多以金色作为误差环,五色环电阻多以棕色作为误差环。

③色环电阻标记不清或辨色能力较差时,可以使用万用表进行测量。

(4)数码法。用三位数字表示电阻器的标称值,用字母表示允许误差。三位数字中,前两位表示有效位数,第三位表示有效位数乘以10的幂次数。如103J为10kΩ±5%。

2.2.2 电位器

电位器是可变电阻器的一种,通常由电阻体与转动或滑动系统组成,其主要作用是调节电压(包括直流电压与信号电压等)和电流。图2.4是常用电位器的外形。

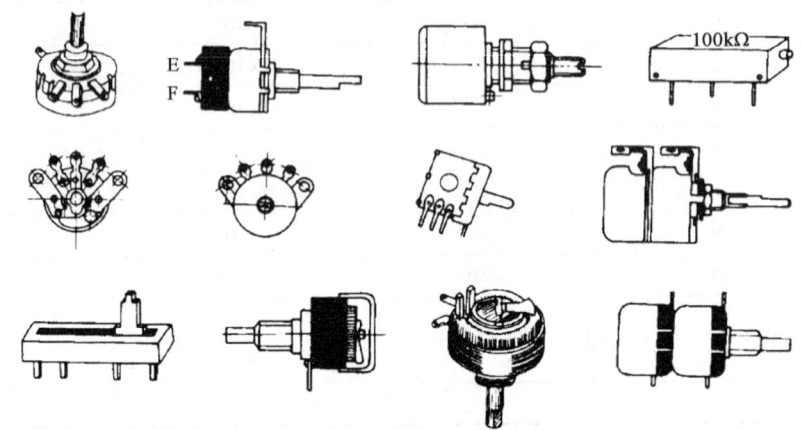

图2.4 常用电位器的外形

电位器有多种分类方法。按调节方式可分为旋转式电位器、推拉式电位器、直滑式电位器等种类。按其结构特点可分为单圈、多圈、单联、双联、多联、抽头式、带开关、锁紧型、非锁紧型和贴片式等种类。

普通电位器的误差一般为±10%和±20%,所以按E12和E6标称值生产,线绕电位器的误差为±5%,有的为±2%,多圈电位器的误差为±2%或±1%。

电位器型号的书写方法如下:

WH5-1A——0.25W——100kΩ——X——16——ZS-3——××××××
型号品种——功率——标称值——线性——轴长——轴端形——技术条件代号

2.2.3 电容器

1. 电容器的作用及分类

1) 电容器的作用

电容器广泛应用在各种高频、低频电路和电源电路中,起退耦、耦合、滤波、旁路、谐振、降压、定时等作用。电容器在电路中用字母"C"表示,图2.5是电容器的电气图形符号。

(a) 电容电路符号　　　　　　　　(b) 电解电容电路符号

图2.5　电容器的电气图形符号

2) 电容器的分类

电容器按其结构及电容量是否能调节可分为固定电容器和可变电容器(包括微调电容器)。按有无极性可分为有极性电容器和无极性电容器。按其使用介质材料的不同可分为陶瓷电容器、金属膜电容器、云母电容器、独石电容器、电解电容器等。常用电容器的外形如图2.6所示。

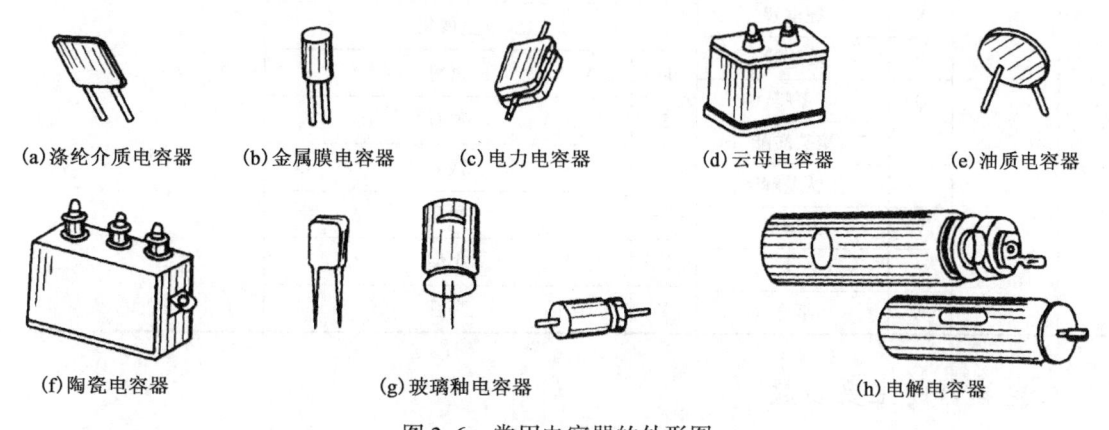

(a) 涤纶介质电容器　(b) 金属膜电容器　(c) 电力电容器　(d) 云母电容器　(e) 油质电容器

(f) 陶瓷电容器　(g) 玻璃釉电容器　(h) 电解电容器

图2.6　常用电容器的外形图

2. 电容器的型号命名

如有一电容器型号为 CJX1 – 250V – 0.33μFⅡ,每部分代表的意义见表2.7。

表2.7　电容器型号各部分代表的意义

C	J	X	1	250V	0.33μF	Ⅱ
主称	材料	分类	序号	耐压	标称容量	允许误差
电容器	高频瓷	高功率		250V	0.33μF	Ⅱ级 ±10%

上例所示,型号为 CJX1 – 250V – 0.33μFⅡ 的电容器,它是小型金属化纸介电容器,耐压为250V,电容量为0.33μF,允许误差为Ⅱ级,即允许误差为 ±10%。

表2.8列出了电容器各部分符号所代表的意义。

表2.8　电容器各部分符号所代表的意义

第一部分 主称		第二部分 材料		第三部分 分类					第四部分 序号
符号	意义	符号	意义	符号	意义				对主称、材料特征相同，仅尺寸、性能略有差别，但基本上不影响互换的产品给同一序号。若尺寸、性能指标的差别已影响互换时，则在序号后面用大写字母作为区别代号予以区别
					瓷介	云母	电解	其他	
C	电容器	A	钽电解	1	圆片	非密封	箔式	非密封	
		B	聚苯乙烯	2	管形	非密封	箔式	非密封	
		C	高频陶瓷	3	叠片	密封	烧结粉、固体	密封	
		D	铝电解	4	独石	密封	烧结粉、固体	密封	
		E	其他	5	穿心	—	—	穿心	
		F	聚四氟乙烯	6	支柱等	—	—	—	
		G	合金电解	7	—	—	—	—	
		H	复合介质	8	高压	高压	—	高压	
		I	玻璃釉	9	—	—	特殊	特殊	
		J	金属化纸	C	穿心式				
		L	涤纶	D	低压				
		M	压敏	J	金属化				
		N	铌电解	M	密封				
		O	玻璃膜	S	独石				
		Q	漆膜	T	铁电				
		S	聚碳酸酯	W	微调				
		T	钛电解	X	小型				
		V	云母纸	Y	高管				
		Y	云母						
		Z	纸介						

3. 电容器的主要参数

1）标称容量

标志在电容器上的容量数值称为标称值，固定式电容器标称电容量为 E24、E12、E6，电解电容参考系列为 1、1.5、2.2、3.3、4.7、6.8（单位为 μF）。

2）允许误差

允许误差是指电容器的标称容量与实际容量之间的允许最大误差范围。一般电容器容量的误差为Ⅰ级、Ⅱ级、Ⅲ级，即 ±5%、±10%、±20%，电解电容一般使用Ⅳ级、Ⅴ级。表2.9列出了电容器的误差级别。

3）额定电压

额定电压（耐压值）是指电容器在规定的工作温度范围内，能够连续正常工作时所能承受的最高电压。在实际应用时,电容器的工作电压应低于电容器上标注的额定电压值,否则会造成电容器因过压而击穿损坏。常用的固定电容工作电压有 6.3V、10V、16V、25V、50V、63V、100V、250V、400V、500V、630V、1000V。

表 2.9　电容器的误差级别

级别	005	01	02	I	II	III	IV	V
误差	±0.5%	±1%	±2%	±5%	±10%	±20%	+30% −20%	+50% −20%
字母表示	D	F	G	J	K	M	N	S

4. 电容器的容量表示法

1) 直接表示法

(1)国际电工委员会推荐的表示方法。这种方法具体内容是:用 2~4 位数字和一个字母表示标称容量,其中数字表示有效值,字母表示数字的量级。字母 m 表示毫法(10^{-3}F)、μ 表示微法(10^{-6}F)、n 表示毫微法(10^{-9}F)、p 表示微微法(10^{-12}F)。字母在数字之间表示小数点,如 47n 表示 0.047μF,3μ3 表示 3.3μF,2p2 表示 2.2pF。

(2)不标单位的表示法。这种方法是用 1~4 位小数表示,其单位为 μF,如 0.1 表示为 0.1μF,.1 表示为 0.1μF,另外也有数字前面的 R 表示小数点,R22 表示 0.22μF。

2) 数码表示法

电容上标注三位数字,前两位为电容器标称容量的有效数字,第三位表示有效数字的倍率(即乘以 10^i,i 为第三位数字),其单位为 pF。另外,当第三位数字为"9"时,是用有效数字×10^{-1}来表示容量,如 473 表示 $47×10^3$pF,应写为 47nF;229 表示 $22×10^{-1}$pF,应写为 2.2pF。

3) 色码表示法

色码表示法与电阻器的色环表示相似,但色码只有三环,也有的是色点。前两环为有效数字,第三环为有效数字后面零的个数,单位为 pF。

5. 容量误差表示法

(1)将电容器的绝对误差范围直接标注在电容器上,即直接法,例如:2.2pF±0.2pF。

(2)直接将误差范围及误差等级标注在电容器上,例如,104J 表示为 0.1μF,误差为±5%。

6. 电容器使用的注意事项

电容在电路中实际承受的电压不能超过其耐压值,在滤波电路中,电容的耐压值不能小于交流电压有效值的 1.42 倍,电解电容器和一些金属壳封装的纸介电容器都有正、负极性,这在电容器的壳体上面都有标志,或者用电容器引出脚的长短来表示正负极性,使用时要注意正负极不要接反,更不能把电解电容器接到交流电路中去,否则将会使电解电容器的电解质气化而产生爆炸,危及人身安全。电容在接入电路前要检查它是否短路、断路和漏电等现象,并且核对它的电容值。

2.2.4 电感器

1. 电感器的作用及电路图形符号

电感器是用漆包线、沙包线或塑皮线等在绝缘骨架或磁心、铁心上绕制成的一组串联的同轴线匝,它在电路中用字母"L"表示,图 2.7 是各种电感器的电路图形符号。

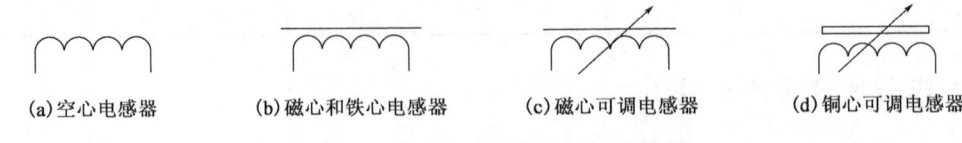

(a)空心电感器　　(b)磁心和铁心电感器　　(c)磁心可调电感器　　(d)铜心可调电感器

图 2.7　各种电感器的电路图形符号

电感器的主要作用是对交流信号进行隔离、滤波或与电容器、电阻器等组成谐振电路。

2. 电感器的主要参数

(1)电感量。电感器电感量的大小,主要取决于线圈的圈数(匝数)、绕制方式、有无磁心及磁心的材料等。通常,线圈圈数越多、绕制的线圈越密集,电感量就越大。有磁心的线圈比无磁心的线圈电感量大;磁心导磁率越大的线圈,电感量也越大。

电感量的基本单位是亨利(简称亨),用字母"H"表示。常用的单位还有毫亨(mH)和微亨(μH),它们之间的关系是:$1H = 1000mH, 1mH = 1000\mu H$。

(2)允许误差。允许误差是指电感器上标称的电感量与实际电感量的有效误差值。允许误差为 $\pm 0.2\% \sim \pm 0.5\%$,常见于振荡或滤波等电路中;允许误差为 $\pm 10\% \sim \pm 15\%$,用于耦合、高频阻流等电路中。

(3)品质因数。品质因数也称为 Q 值,是衡量电感器质量的主要参数。它是指电感器在某一频率的交流电压下工作时,所呈现的感抗与其等效损耗电阻之比。Q 值越高,其损耗越小,效率越高。

3. 电感器的种类

电感器按其结构的不同可分为固定式电感器和可调式电感器。按用途可分为振荡电感器、校正电感器、显像管偏转电感器、阻流电感器、滤波电感器、隔离电感器、补偿电感器等。图 2.8 为小型固定电感器的外形。

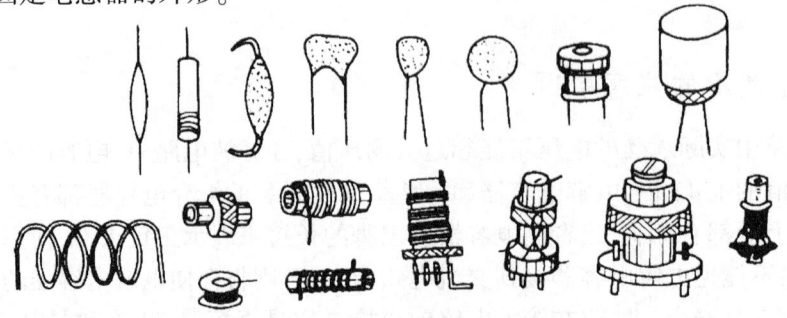

图 2.8　小型固定电感器的外形

2.2.5 变压器

1. 变压器的作用及电路图形符号

变压器是利用电感器的电磁感应原理制成的部件。在电路中用字母"T"表示,其电路图形符号如图2.9所示。

图2.9 变压器的电路图形符号

变压器是利用其一次(初级)、二次(次级)绕组之间圈数(匝数)比的不同来改变电压比或电流比,实现电能或信号的传输与分配,主要有降低交流电压、提升交流电压、信号耦合、变换阻抗、隔离等作用。

2. 变压器的主要参数

(1)电压比 n。变压器的电压比 n 与一次、二次绕组的匝数和电压之间的关系如下:

$$n = V_1/V_2 = N_1/N_2 \tag{2.1}$$

式中　V_1——一次绕组两端的电压;
　　　V_2——二次绕组两端的电压;
　　　N_1——变压器一次(初级)绕组的匝数;
　　　N_2——二次(次级)绕组的匝数。

(2)额定功率 P。此参数一般用于电源变压器。它是指电源变压器在规定的工作频率和电源下,能长期工作而不超过限定温度时的输出功率。

(3)效率。效率是指在额定负载时,变压器输出功率与输入功率的比值。变压器的效率值一般在60%~100%。

3. 变压器的种类

变压器按工作频率可分为高频变压器、中频变压器和低频变压器。按其用途可分为电源变压器、音频变压器、脉冲变压器、恒压变压器、耦合变压器、自耦变压器、隔离变压器等多种。图2.10为中频变压器和电源变压器的外形。

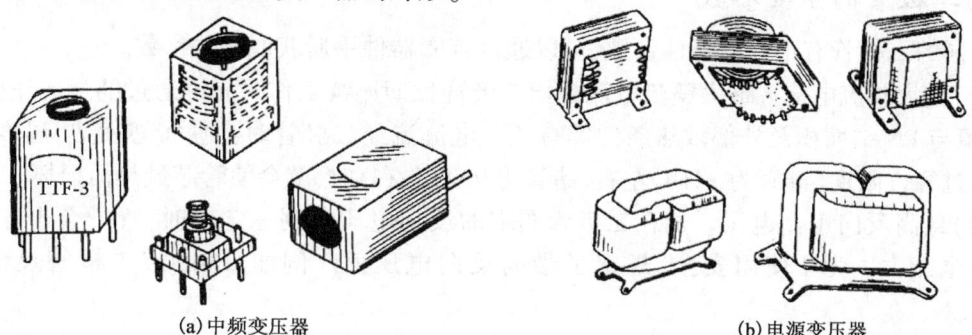

(a)中频变压器　　　　　　　　　　(b)电源变压器

图2.10 两种变压器的外形

2.2.6 二极管、三极管和场效应管

二极管、三极管的基本特性和技术指标可以在手册中进行查询,本小节仅针对分类、命名方法、主要技术指标进行介绍。

1. 二极管

晶体二极管是由 P 型半导体和 N 型半导体形成的 PN 结,在其界面处两侧形成空间电荷层,并建有内电场,二极管的电路符号如图 2.11 所示。

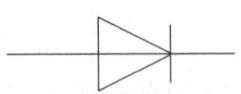

图 2.11 二极管电路符号

1)二极管的分类

二极管具有单向导电性,可用于整流、检波、稳压、混频电路中,二极管有金属封装、塑料封装、玻璃壳封装等形式。二极管的种类很多,按照 PN 结材料可分为锗二极管、硅二极管,按照用途和功能可分为检波二极管、整流二极管、开关二极管、稳流二极管、变容二极管、稳压二极管等。常用的二极管外形图如图 2.12 所示。

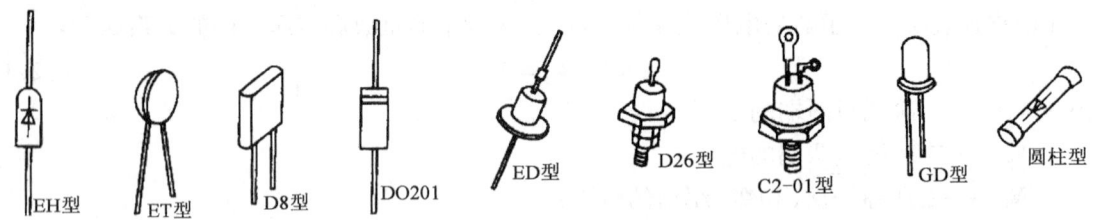

图 2.12 二极管外形图

2)二极管的型号命名

二极管的型号命名由五部分组成,可以从型号中知道器件所用的材料、结构、类型。每部分的数字字母的含义见表 2.10,例如 2AP9 表示普通锗二极管、2CW60 表示硅稳压管、2CK80 表示开关二极管。

目前,世界上还有美国、日本、国际电子学会(欧洲)几大系列,可以通过查阅相关资料获取其他几大系列的命名方式。

3)二极管的主要参数

不同的二极管有不同的特性参数,可以通过查阅器件手册获取相关参数。

(1)最大整流电流。最大整流电流是指二极管长期连续工作时允许通过的最大正向电流值,其值与 PN 结面积及外部散热条件等有关。电流流经二极管时会使管芯发热,温度上升,温度超过容许限度(硅管为 141℃左右,锗管为 90℃左右)时,就会使管芯过热而损坏。

(2)最高反向工作电压。加在二极管两端的反向电压高到一定值时,管子会击穿,失去单向导电能力。为了使用安全,规定了最高反向电压值。例如,IN4001 二极管反向耐压为 50V。

(3)反向电流。反向电流是指二极管在规定的温度和最高反向电压作用下,流过二极管

的反向电流。反向电流越小,管子的单方向导电性能越好。但是反向电流与温度有着密切的关系,温度每升高约 10℃,反向电流增大一倍。

(4)动态电阻。二极管特性曲线静态工作点 Q 附近电压变化量和相应电流变化量的比值。

表 2.10　二极管型号命名

第一部分		第二部分		第三部分		第四部分	第五部分
用数字表示器件的电极数目		用汉语拼音字母表示器件的材料和极性		用汉语拼音字母表示器件的类型		用数字表示器件序号	用汉语拼音字母表示规格号
符号	意义	符号	意义	符号	意义		
2	二极管	A	N 型锗材料	P	普通管		
				V	微波管		
				W	稳压管		
		B	P 型锗材料	C	参量管		
				Z	整流管		
				L	整流堆		
		C	N 型硅材料	S	隧道管		
				N	阻尼管		
		D	P 型硅材料	U	光电器件		
				K	开关管		

4)二极管使用的注意事项

(1)在电路中应该按照注明的极性进行连接。

(2)切勿超过手册中规定的最大允许电流和电压值。

(3)在二极管的替换时,硅管与锗管不能相互替换,替换的二极管最高反向工作电压及最大整流电流不应小于被替换管,根据工作特点,还应该考虑其他特性,如截止频率、结电容、开关速度等。

2. 三极管

三极管的全称应为半导体三极管,也称为双极型晶体管或晶体三极管,是一种控制电流的半导体器件,其作用是把微弱信号放大成幅度较大的电信号,也用作无触点开关。图 2.13 为三极管的电路符号,图 2.14 为常用三极管的外形。

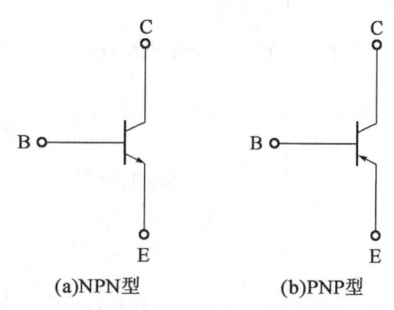

图 2.13　NPN 型和 PNP 型三极管的电路符号

1)三极管的分类

三极管的分类种类很多,按半导体材料和导电极性来分,有硅材料的 NPN 管、PNP 管和锗材料的 NPN 管、PNP 管;按半导体三极管耗散功率来分,有小功率、中功率、大功率管;按结构工艺来分,有平面管和合金管;按半导体三极管的工作频率可分为低频管、高频管及超高频率管等。

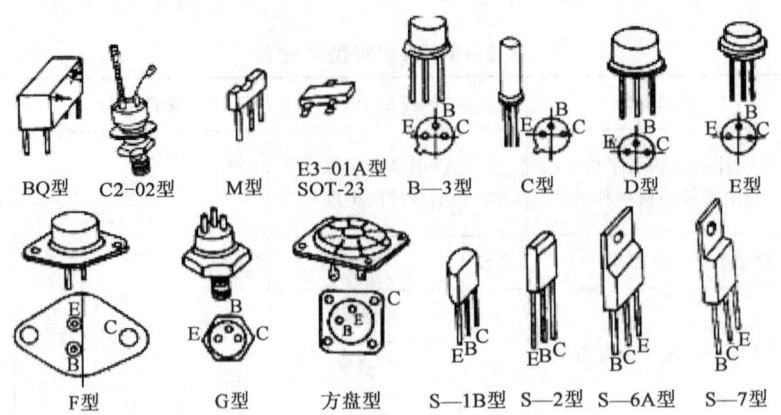

图 2.14 三极管的外形图

2) 三极管的型号命名

根据国家标准,三极管的命名和二极管的命名方式是一样的,由五部分组成,每一部分的数字字母的含义见表 2.11,例如 3AX81 为 PNP 锗低频小功率晶体管。

表 2.11 三极管的型号命名

第一部分		第二部分		第三部分				第四部分	第五部分
用数字表示器件的电极数目		用汉语拼音字母表示器件的材料和极性		用汉语拼音字母表示器件的类型					
符号	意义	符号	意义	符号	意义	符号	意义		
3	三极管	A	PNP 型锗材料	X	低频小功率管 $f_a<3\text{MHz},P<1\text{W}$	T	半导体闸流管(可控整流器)	用数字表示器件序号	用汉语拼音字母表示规格号
						Y	体效应器件		
		B	NPN 型锗材料	G	高频小功率管 $f_a>3\text{MHz},P<1\text{W}$	B	雪崩管		
						H	阶跃恢复管		
		C	PNP 型硅材料			CS	场效应器件		
				D	低频大功率管 $f_a<3\text{MHz},P\geq 1\text{W}$	BT	半导体特殊器件		
		D	NPN 型硅材料			FH	复合管		
				A	高频大功率管 $f_a\geq 3\text{MHz},P\geq 1\text{W}$	PIN	PIN 型管		
		E	化合物材料			JC	激光器件		

3）三极管的主要参数

不同的三极管有不同的特性参数，可以通过查阅器件手册获取相关参数。

（1）共发射极电流放大系数 β。β 值的标注有色标法和字母法，色标法使用得较早，颜色通常涂在三极管的顶部，国产小功率管色标颜色与 β 值的对应关系见表 2.12。

表 2.12 国产小功率管色标颜色与 β 值的对应关系

颜色	棕	红	橙	黄	绿	蓝	紫	灰	白	黑	黑橙
β	5~15	15~25	25~40	40~55	55~80	80~120	120~180	180~270	270~400	400~600	600~1000

字母法就是在管子型号后面用英文字母表示 β 值的大小，但由于没有统一的标准，因而各种型号中所用字母表示 β 值也不太相同。例如 2SC1815-0 型晶体管，其型号后面的英文字母所表示的 β 值是：O 表示 70~140 倍，Y 表示 120~240 倍，GR 表示 200~400 倍，BL 表示 350~700 倍，因此 2SC1815-0 就表示该管的放大倍数是 70~140 倍。

（2）集电极最大允许耗散功率 P_{CM}。集电极耗散功率是集电极电流与集电极电压的乘积，在使用三极管时，实际功率不应该超过 P_{CM}，否则会引起三极管发热，烧坏三极管。为了提高 P_{CM} 值，大功率三极管都要求安装散热片，三极管手册中 P_{CM} 指的是带有散热片的数值。

（3）集电极—发射极反向击穿电压 $V_{(BR)CEO}$。$V_{(BR)CEO}$ 是指三极管基极开路时，加在集电极和发射极之间的最大允许电压，使用时，若 $V_{CE} > V_{(BR)CEO}$，会导致三极管击穿而损坏。

（4）集电极最大允许电流 I_{CM}。三极管允许通过的最大电流即 I_{CM}。当集电极电流增大到一定程度时，β 值会明显下降，当 β 值下降到额定值的 2/3 时，所对应的集电极电流即 I_{CM}。

4）三极管使用的注意事项

（1）当三极管耗散功率大于 5W 时，应该加装散热片，以减少温度对三极管参数变化的影响。

（2）为了减少温度对三极管 β 值的影响，应选用有电流负反馈功能的偏置电路，或选用热敏电阻补偿功能的偏置电路。

（3）在进行三极管置换时，应注意两管的极性相同，NPN 管换 NPN，PNP 管换 PNP，一般锗管和硅管不能互换，同时保证置换三极管的 P_{CM}、I_{CM} 大于或等于被置换三极管，击穿电压不低于被置换管。

3. 场效应管

场效应管属于电压控制型半导体器件，与三极管相比，场效应管具有输入电阻高、噪声小、功耗低、热稳定性好、动态范围大、易于集成、没有二次击穿现象、安全工作区域宽等优点，易于做成大规模集成电路，在高频、中频、低频、直流、开关及阻抗变换电路中有广泛应用。

1）场效应管的分类

场效应管分为结型、绝缘栅型两大类。根据半导体材料不同，分为 N 沟道和 P 沟道两种；按导电方式，可分为耗尽型与增强型。结型场效应管均为耗尽型；绝缘栅型场效应管既有耗尽型，也有增强型。其电路符号如图 2.15 所示。

2）场效应管的型号命名

第一种命名方法与双极型三极管相同，第一部分用数字 3 表示主称。第二部分用字母代表材料，D 是 P 型硅，反型层是 N 沟道；C 是 N 型硅 P 沟道。第三部分用字母 J 代表结型场效

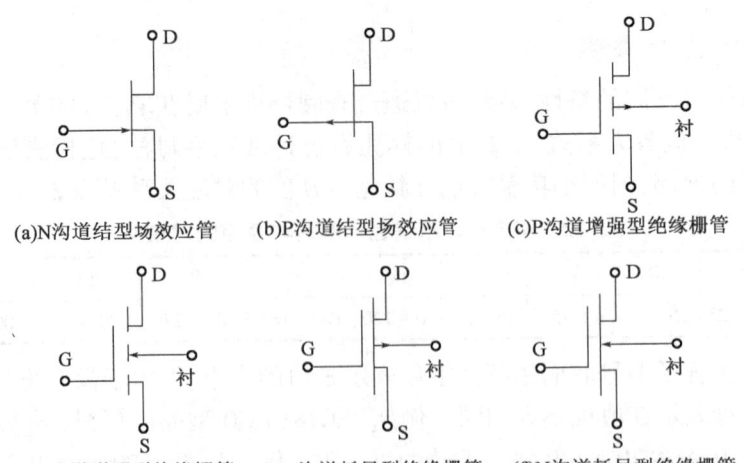

图 2.15 场效应管电路符号

应管,O 代表绝缘栅场效应管。第四部分用数字表示序号。例如,3DJ6D 是结型 P 沟道场效应三极管,3DO6C 是绝缘栅型 N 沟道场效应三极管。

第二种命名方法是 CS××#,CS 代表场效应管,××以数字代表型号的序号,#用字母代表同一型号中的不同规格,例如 CS16A、CS55G 等。

3) 场效应管的主要参数

(1) 开启电压 V_T。V_T 是增强型 MOS 管的参数。当 V_{DS} 为某一固定值,使 i_D 等于一微小电流时,栅源间的电压为 V_T。

(2) 夹断电压 V_P。当漏源电压 V_{DS} 为某一固定数值,使 I_{DS} 等于某一微小电流(几微安)时,栅极上所加的偏压 V_{GS} 就是夹断电压。

(3) 饱和漏电流 I_{DSS}。在源、栅极短路条件下,源漏极所加的电压大于 V_P 时的漏极电流称为 I_{DSS}。

(4) 击穿电压 V_{DS}。击穿电压指漏、源极间所能承受的最大电压,即漏极饱和电流开始上升进入击穿区时对应的电压。

4) 场效应管使用的注意事项

(1) 为了安全使用场效应管,在线路设计中不能超过管子的耗散功率、最大漏源电压、最大栅源电压和最大电流等参数的极限值。

(2) 各类型场效应管在使用时,都要严格按要求偏置接入电路中,要遵守场效应管偏置极性。例如,结型场效应管栅源漏之间是 PN 结,N 沟道栅极不能加正偏压,P 沟道栅极不能加负偏压。

(3) 为防止场效应管栅极感应击穿,要求一切测试仪器、工作台、电烙铁、线路本身都必须有良好的接地,管脚在焊接时,按源极—漏极—栅极的顺序进行焊接,并且要断电焊接。

(4) 对于功率型场效应管,要有良好的散热条件,因为功率型场效应管在高负荷条件下运用,必须设计足够的散热器,确保壳体温度不超过额定值,使器件长期稳定可靠地工作。

2.2.7 集成电路

集成电路是采用半导体制作工艺,在一块较小的单晶硅片上制作许多晶体管及电阻器、电容器等元器件,并按照多层布线或隧道布线的方法将各元器件组合成完整的电子电路。它在电路中用字母"IC"表示。

1. 集成电路的分类

集成电路的分类形式有很多,按其功能、结构的不同,可以分为模拟集成电路和数字集成电路两大类。按集成度高低的不同可分为小规模集成电路、中规模集成电路、大规模集成电路和超大规模集成电路。

2. 集成电路的型号命名方法

集成电路的型号命名方法较为复杂,且各国一般都没有统一的规定,不同的公司采用不同的方法对集成电路的型号进行命名。以下简单介绍我国和国外部分公司产品代号。

1) 我国集成电路型号命名方法

GB/T 3430—1989 标准规定了半导体集成电路型号的命名由五部分组成,五个部分的符号及意义见表 2.13。例如,CF741CT 为金属圆形封装线性通用运算放大器,工作温度为 0 ~ 70 ℃。

表 2.13 集成电路型号中各部分的符号及意义

第零部分		第一部分		第二部分	第三部分		第四部分	
用字母表示器件符合国家标准		用字母表示器件的类型			用字母表示器件的工作温度范围		用字母表示器件的封装形式	
符号	意义	符号	意义		符号	意义	符号	意义
C	符合国家标准	T	TTL 电路	用阿拉伯数字和字符表示器件的系列和品种代号	C	0 ~ 70 ℃	F	多层陶瓷扁平
		H	HTL 电路				B	塑料扁平
		E	ECL 电路				H	黑陶瓷扁平
		C	CMOS 电路		G	−20 ~ 70 ℃	D	多层陶瓷双列直插
		M	存储器					
		μ	微型机电路				J	黑陶瓷双列直插
		F	线性放大器		L	−25 ~ 85 ℃		
		W	稳压器				P	塑料双列直插
		B	非线性电路				S	塑料单列直插
		J	接口电路		E	−40 ~ 85 ℃		
		AD	A/D 电路				K	金属菱形
		DA	D/A 电路		R	−55 ~ 85 ℃	T	金属圆形
		D	音响、电视电路				C	陶瓷芯片载体
		SC	通信专用电路				E	塑料芯片载体
		SS	敏感电路		M	−55 ~ 125 ℃		
		SW	钟表电路				G	网络陈列

2) 国外集成电路型号命名方法

国外部分公司及产品代号,如表 2.14 所示。

表 2.14 国外(部分公司)常见集成电路命名

公 司 名 称	代 号	公 司 名 称	代 号
美国无线电公司(BCA)	CA	美国悉克尼特公司(SIC)	NE
美国国家半导体公司(NSC)	LM	日本电气工业公司(NEC)	μPC
美国摩托罗拉公司(MOTA)	MC	日本日立公司(HIT)	RA
美国仙童公司(PSC)	μA	日本东芝公司(TOS)	TA
美国得克萨斯公司(TII)	TL	日本三洋公司(SANYO)	LA,LB
美国模拟器件公司(ANA)	AD	日本松下公司(MAT)	AN
美国英特尔公司(INL)	IC	日本三菱公司(MIT)	M

3. 数字集成电路的种类和特点

数字集成电路(IC)系列产品大体上分为 TTL 型、CMOS 型、ECL 型等三大类。

(1)TTL 型。这是以双极性三极管为开关元件,属双极性数字 IC。其典型产品为 54/74 系列数字集成电路,其中 54 系列为军品,74 系列为民品。它具有较宽的工作速度范围、兼容性高、参数稳定等特点。

(2)COMS 型。COMS 数字 IC 是用 MOSFET 作为开关器件,属单极型数字 IC。其系列产品主要有标准型、40H 型、74HC 型与 74AC 型等 4 种。它具有静态功耗极低、输入阻抗非常高、抗干扰能力强等特点。

(3)ECL 型。ECL 也是以双极型晶体管为开关元件,其最大的特点就是工作速度快,在数字逻辑电路形式中采用非饱和型,消除了三极管的存储时间,加快了工作速度。其系列产品主要有 ECL – 10K 与 ECL – 100K 两种系列。

4. 集成电路使用的注意事项

(1)集成器件常见的封装有扁平和双列直插两种形式,使用时必须确定器件的正方向。扁平式的正方向是以印有器件型号字样为标志,使用者观察字是正的为正方向。双列直插是以一个凹口(或一个小圆孔)置于使用者左侧时为正方向。正方向确定后,器件的左下角为第一脚,依次逆时针方向读数。

(2)在使用各种集成器件时一定要按照其逻辑功能进行校验,校验的结果是正确的集成器件才能使用,否则电路不能正常工作。

(3)在集成电路拔插前,一定要切断电源,并注意让电源滤波电容放电后再进行插拔。

(4)一般集成电路所能承受的最高温度是 260℃、时间为 10s,或者 350℃、时间为 3s,这是指每块集成电路全部引脚浸入离封装基底平面距离大于 1~1.5mm 所允许的最长时间,所以波峰焊和浸焊温度一般控制在 240~260℃,时间约 7s。

2.3 常用仪器的使用

2.3.1 万用表

万用表是一种多用途、多量程的便携式仪器，可以实现交直流的电压、电流以及电阻等多种电量的测量。根据测量原理及测量结果进行分类，一般分为模拟式万用表和数字式万用表。

模拟式万用表通过将被测模拟电量经过测量电路转换成电流信号，再由电流信号驱动磁电式表头指针的偏转，在刻度盘上指示出被测量的大小。

数字式万用表通过将被测量通过模数转换器转换成数字量，再通过电子计数器计数，最后将测量结果用数字直接显示在数字显示器上。以 DT9205A 数字万用表为例，其具体使用方法见附录 2.1。

2.3.2 示波器

示波器是电子测量中的一种常用的仪器，能够将人们无法直接看见的电信号转换成可直接观察的波形，显示在示波器上。示波器是以短暂扫描的方式显示电量的瞬时值，对电信号进行时域分析，能够直接显示信号波形，还能测量信号的瞬时值，具有输入阻抗高、频率响应好、灵敏度高等特点。以 SDS 1202X-E 双通道示波器为例，其具体使用方法见附录 2.2。

2.3.3 直流稳压电源

直流稳压电源是将交流电变成输出功率符合要求的稳定直流电的设备，是电子实验中必不可少的能源。根据电路中调整元件的工作状态，可分为线性稳压电路和开关稳压电路。调整元件工作在线性放大区的称为线性稳压电路，调整元件工作在开关状态则称为开关稳压电路。

以线性直流电源 SPD3303C 为例，其具体使用方法见附录 2.3。

2.3.4 信号发生器

信号发生器又称为函数信号发生器，它是一种应用非常广泛的电子设备，它能提供频率为 0.005 Hz ~ 50 MHz 的输出信号，能输出正弦波、方波、三角波、锯齿波等各种信号，可作为各种电子元器件、部件及整机测量、调试、检修时的信号源。

目前常用的函数信号发生器大多由集成电路与晶体管构成，一般是采用恒流充放电的原理来产生三角波，同时产生方波。改变充放电的电流值，就可得到不同频率的信号。当充电与放电的电流值不相等时，原先的三角波就变成各种斜率的锯齿波，同时方波变成各种占空比的矩形波。另外，将三角波通过波形变换电路，可产生正弦波。正弦波、三角波（锯齿波）和方波（矩形波）经函数开关转换由功率放大器放大后输出。以 SDG1062X 信号发生器为例，其具体使用方法见附录2.4。

2.3.5 交流毫伏表

交流毫伏表是一种可以测量正弦波电压有效值的电压表,它具有输入阻抗高、测量频率范围宽、测量电压范围大、灵敏度高等优点。现在交流毫伏表已从指针式逐步过渡为液晶显示,并能实现编程控制,能自动换挡。按照工作原理和读数方式的不同,交流毫伏表可分为模拟式电压表和数字式电压表。模拟式电压表一般是指指针式电压表,它把被测电压加到磁电式电流表,转换成指针偏转角度的大小来度量。数字式电压表将被测电压的数值通过数字技术,转换成数字量,然后以十进制数字显示被测量电压值。数字式电压表以 A/D 转换器作为测量机构,用数字显示器显示测量结果。以 TC1931D 交流毫伏表为例,其具体使用方法见附录2.5。

第 3 章 电工技术实验

3.1 实验一 叠加定理与戴维南定理的验证

3.1.1 实验目的

(1) 验证叠加定理和戴维南定理的正确性。
(2) 通过实验加深对叠加定理、戴维南定理以及对电流和电压参考方向的理解。
(3) 学习直流电工仪表的使用方法。

3.1.2 预习要求

(1) 复习叠加定理和戴维南定理的内容。
(2) 了解电工实验台中各模块及直流稳压电源的使用方法。
(3) 复习电流、电压的测量方法,防止电流表损坏的方法。

3.1.3 实验设备

本实验在电工电路实验台上完成,用到的模块如表 3.1 所示。

表 3.1 实验用模块

序号	名　称	数量	型号	备注
1	三相空气开关	1 块	30121242	实验台
2	双路可调直流电源	1 块	30121046	实验台
3	直流电压电流表	1 块	30111047	实验台
4	电阻	5 只	51 Ω、100 Ω、150 Ω、330 Ω	模块
5	测电流插孔	3 只		实验台
6	实验用 9 孔插件方板	1 块	300mm×298mm	模块

3.1.4 实验原理

1. 叠加定理

在多个电源共同作用的线性电路中,某一支路的电压或电流等于每个电源单独作用时,在该支路上所产生的电压或电流的代数和,如图3.1所示。

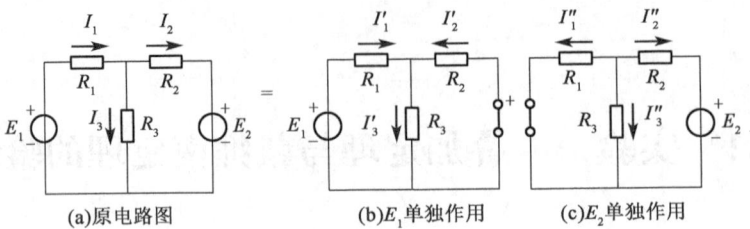

图 3.1 叠加定理示意图

应用叠加定理求解电路时要注意下面几点:

(1)应用叠加定理时,当某一个电源单独作用时,其他电源都应置零,即电压源短路、电流源开路,如图3.1(b)、(c)所示,其余电路结构及参数保持不变。

(2)在进行叠加时,要注意各个分量的参考方向。如果分量的参考方向与原图中总量的参考方向一致,则叠加时取正号,相反时取负号。图3.1电路中各支路电流的计算式应为

$$I_1 = I'_1 - I''_1$$
$$I_2 = I''_2 - I'_2 \tag{3.1}$$
$$I_3 = I'_3 + I''_3$$

(3)叠加定理仅适用于计算线性电路中的电流或电压,不适用于计算功率。

2. 戴维南定理

任何一个有源二端线性网络都可以用一个电动势为 E 的理想电压源和内阻 R_0 串联的电源来等效代替,如图3.2所示。

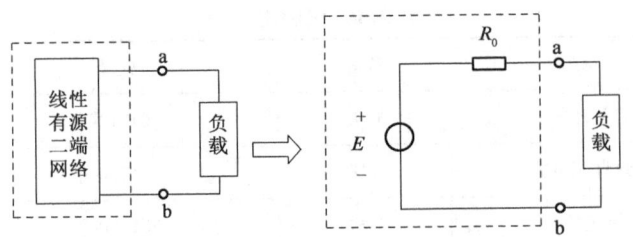

图 3.2 戴维南等效电路

等效电压源的电动势 E:有源二端网络的开路电压 U_{OC},即将负载断开后 a、b 两端之间的电压。

等效电源的内阻 R_0:有源二端网络中所有电源均除去(理想电压源短路,理想电流源开

路)后所得到的无源二端网络 a、b 两端之间的等效电阻。

3.1.5 实验内容

1. 叠加定理的验证

(1)接通双路直流稳压电源,使两路输出电压分别为 $U_{S1} = 10V$ 和 $U_{S2} = 15V$,关闭电源,待用。

(2)按图 3.3 连接电路,其中 $R_1 = 330\,\Omega$,$R_2 = 100\,\Omega$,$R_3 = 51\,\Omega$。

(3)按以下三种情况测量各电压、电流值,并记入表 3.2 中。

①电压源 U_{S1} 和 U_{S2} 共同作用(K_1 接 2,K_2 接 4),分别测量 I_1、I_2、I_3 和 U_1、U_2、U_3。

②电压源 U_{S1} 单独作用时(K_1 接 2,K_2 接 3),分别测量 I'_1、I'_2、I'_3 和 U'_1、U'_2、U'_3。

③电压源 U_{S2} 单独作用时(K_1 接 1,K_2 接 4),分别测量 I''_1、I''_2、I''_3 和 U''_1、U''_2、U''_3。

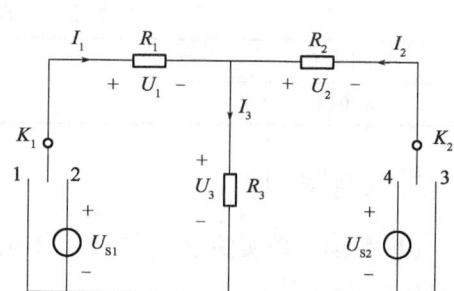

图 3.3 验证叠加原理的实验线路

表 3.2 叠加定理的验证记录表格

电源	电流,A			电压,V		
U_{S1}、U_{S2} 共同作用	I_1	I_2	I_3	U_1	U_2	U_3
U_{S1} 单独作用	I'_1	I'_2	I'_3	U'_1	U'_2	U'_3
U_{S2} 单独作用	I''_1	I''_2	I''_3	U''_1	U''_2	U''_3

2. 戴维南定理的验证

(1)测量有源二端网络的开路电压 U_{OC} 和等效电阻 R_0。

①将直流稳压电源输出电压 U_S 调至 10V,关闭电源,待用。

②按图 3.4(a)连接电路,负载 R_L 不连,其中 $U_S = 10V$,$R_1 = 150\,\Omega$,$R_2 = R_3 = 100\,\Omega$,测出有源二端网络的开路电压 U_{OC}(a、b 间开路)和短路电流 I_{SC}(a、b 间短路),并计算出等效电阻 R_0($R_0 = \dfrac{U_{OC}}{I_{SC}}$),分别填入表 3.3。

(2)负载实验。按图 3.4(a)接入负载 $R_L = 100\,\Omega$。测出负载两端电压 $U = $ _____ 和电流 $I = $ _____。

(3)戴维南定理验证。按图 3.4(b)连接电路[其中 U_{OC} 和 R_0 为步骤(1)所测的数据],测出负载两端电压 $U = $ _____ 和电流 $I = $ _____。

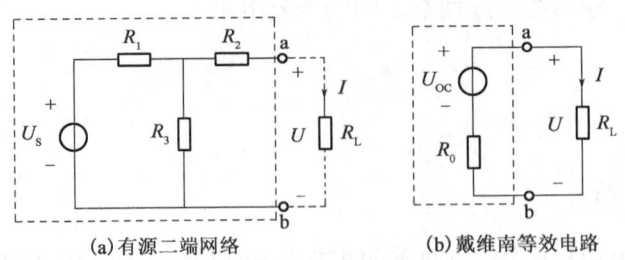

(a)有源二端网络　　　　　(b)戴维南等效电路

图 3.4　戴维南定理实验电路

表 3.3　戴维南定理的验证记录表格

开路电压 U_{OC}		等效电阻 R_0	
短路电流 I_{SC}			

3. 注意事项

(1)叠加定理实验中,电压源不作用时,是指电路中 U_S 处用短路线代替,而不是将电压源本身短路。

(2)测量电压、电流时,应注意仪表的极性,正确判断所测值的正、负号。

3.1.6　实验报告要求

(1)根据本实验的原理,给定的电路参数和电流、电压参考方向,分别计算两电源共同作用和单独作用时各支路电流和电压的值,与实验数据相对照,并加以总结和验证。

(2)用实验结果说明叠加定理的正确性。

(3)用实验数据说明戴维南定理的正确性。

3.1.7　思考题

(1)在进行叠加定理实验时,不作用的电压源、电流源怎样处理?为什么?

(2)通过对实验数据的计算,判别三个电阻上的功率是否也符合叠加原理?

(3)还有哪些方法可以测量戴维南定理中的等效电阻?

3.2　实验二　一阶 RC 电路的测试

3.2.1　实验目的

(1)掌握 RC 电路电容器充放电过程中电压的变化规律。

(2)了解电路参数对充放电过程的影响。

(3)了解微分电路与积分电路的作用。

（4）观测 RC 充放电电路中电容电压的波形。

3.2.2 预习要求

（1）学习附录 2.2 示波器的使用方法。
（2）弄懂微分电路和积分电路的工作原理。

3.2.3 实验设备

本实验在电工电路实验台上完成，用到的模块如表 3.4 所示。

表 3.4 实验用模块

序号	名称	数量	型号	备注
1	三相空气开关	1 块	30121242	实验台
2	双路可调直流电源	1 块	30121046	实验台
3	直流电压电流表	1 块	30111047	实验台
4	信号发生器	1 台	SDG 1062X	
5	示波器	1 台	SDS 1202X－E	
6	电阻	4 只	51Ω、1kΩ、10kΩ、15kΩ	模块
7	电容	2 只	0.01μF、10μF	模块
8	实验用 9 孔插件方板	1 块	300mm×298mm	模块

3.2.4 实验原理

动态网络的过渡过程是十分短暂的单次变化过程，要用普通示波器观察过渡过程和测量有关的参数，就必须使这种单次变化的过程重复出现。为此，利用信号发生器输出的方波来模拟阶跃激励信号，即利用方波输出的上升沿作为零状态响应的正阶跃激励信号；利用方波的下降沿作为零输入响应的负阶跃激励信号。只要选择方波的重复周期远大于电路的时间常数 τ，那么电路在这样的方波序列脉冲信号的激励下，它的响应就和直流电接通与断开的过渡过程是基本相同的。

图 3.5 中 RC 一阶电路的零状态响应和零输入响应分别按指数规律增长和衰减，其响应曲线如图 3.6 所示，其变化的快慢取决于电路的时间常数 $\tau(\tau = RC)$，τ 的物理意义是电路零状态响应上升到稳态值的 63.2% 所需要的时间，或者是电路零输入响应衰减到初始值的 36.8% 所需要的时间。虽然真正到达稳态所需要的时间为无穷大，但通常认为经过 $(3 \sim 5)\tau$ 的时间，过渡过程就基本结束，电路进入稳态。

微分电路和积分电路是 RC 一阶电路中较典型的电路，它对电路元件参数和输入信号的周期有着特定的要求。

一个简单的 RC 串联电路，在方波序列脉冲的重复激励下，当满足 $\tau \ll t_p$，且由 R 两端的电压作为响应输出，则该电路就是一个微分电路，如图 3.7 所示。此时电路的输出电压与输入电压的微分成正比，利用微分电路可以将方波转变成尖脉冲。

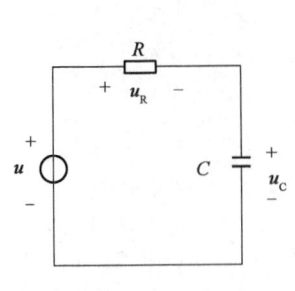
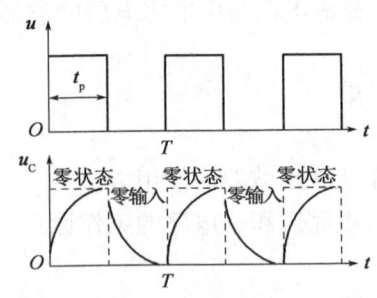

图 3.5　RC 电路　　　　　图 3.6　响应曲线

若将图 3.7 中的 R 与 C 位置调换一下,其电路及输出电压波形如图 3.8 所示,由 C 两端的电压作为响应输出,且当电路的参数满足 $\tau \gg t_p$,则该 RC 电路称为积分电路。此时电路的输出电压与输入电压的积分成正比,利用积分电路可将方波转变成三角波。

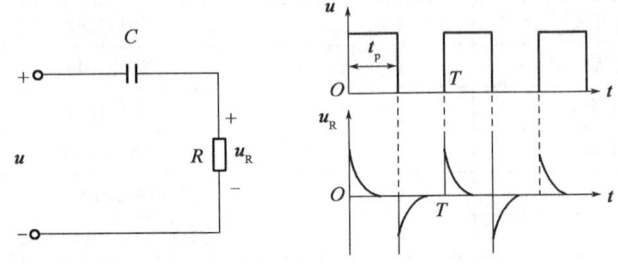

图 3.7　微分电路及其输出电压波形

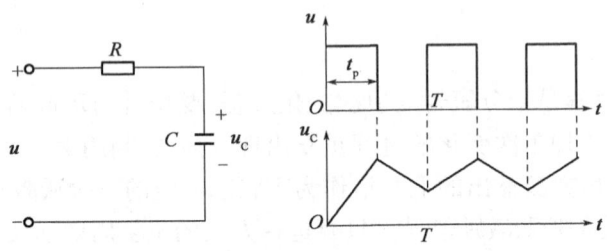

图 3.8　积分电路及其输出电压波形

3.2.5　实验内容

1. 观测 RC 电路的响应过程

(1)按图 3.5 连接电路,取 $R=10\text{k}\Omega$,$C=0.01\mu\text{F}$,u 由函数发生器输出幅值为 1V、频率为 1kHz 的方波,用示波器观察输入电压 u 和电容器两端电压 u_C 的变化规律,并将 u_C 描绘在图 3.9 中。同时测算出时间常数 $\tau=$ _____。

(2)改变电阻值,使 $R=15\text{k}\Omega$,观察电压 u_C 波形的变化,分析其原因。

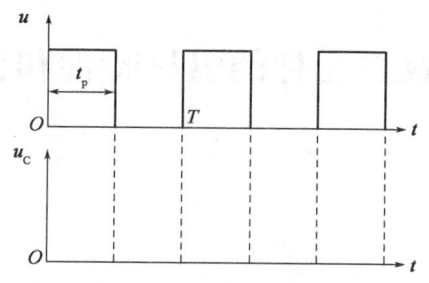

图 3.9 RC 电路的响应波形

2. 观测 RC 微分电路的输出电压波形

按图 3.7 连接电路。取 $C=10\mu F, R=51\Omega(\tau=RC=0.51ms)$，$u$ 由函数发生器输出幅值为 1V、频率为 200Hz 的方波 ($\frac{T}{2}=\frac{1}{400}=2.5ms\gg\tau$)，在电阻两端的电压 u_R 即为微分输出电压，用示波器观察输入电压 u 和电阻两端电压 u_R 的变化规律，并将 u_R 描绘在图 3.10 中。

3. 观测 RC 积分电路的输出电压波形

按图 3.8 连接电路。取 $R=1k\Omega, C=10\mu F(\tau=RC=10ms)$，$u$ 由函数发生器输出幅值为 1V、频率为 1kHz 的方波 ($\frac{T}{2}=\frac{1}{2000}=0.5ms\ll\tau$)，在电容两端的电压 u_C 即为积分输出电压，用示波器观察输入电压 u 和电容器两端电压 u_C 的变化规律，并将 u_C 描绘在图 3.11 中。

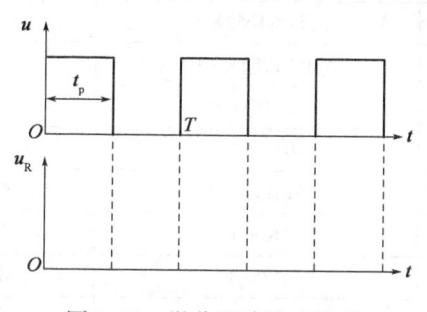
图 3.10 微分电路输出波形

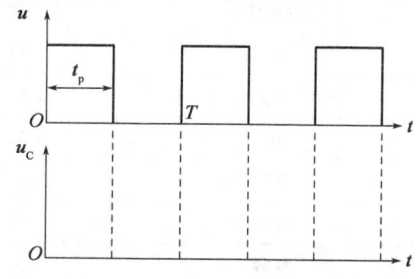
图 3.11 积分电路输出波形

3.2.6 实验报告要求

(1) 根据测量结果画出波形图。
(2) 根据实验内容 1 的电路参数计算时间常数，与实测值相比较。
(3) 根据实验结果说明 RC 电路用作微分电路及积分电路时的参数条件。

3.2.7 思考题

(1) 微分电路中若继续增大 C 值，结果会如何？
(2) 积分电路中若继续增大 R 值，结果会如何？

3.3 实验三 RLC元件的阻抗特性和谐振电路的研究

3.3.1 实验目的

(1) 掌握 RLC 串联谐振的特征。
(2) 绘制串联谐振电路不同品质因数的谐振曲线。

3.3.2 预习要求

(1) RLC 串联谐振的特征。
(2) 电路参数对串联谐振特性的影响。

3.3.3 实验设备

本实验在电工电路实验台上完成,用到的模块如表 3.5 所示。

表 3.5 实验模块

序号	名称	数量	型号	备注
1	信号发生器	1 台	SDG1062X	
2	示波器	1 台	SDS 1202X－E	
3	晶体管毫伏表	1 台	TC1931D	
4	万用表	1 台	DT9205A	
5	电阻	2 只	510Ω、2kΩ	模块
6	电感	1 台	10mH	模块
7	电容	1 只	2200pF	模块
8	实验用9孔插件方板	1 块	300mm×298mm	模块

3.3.4 实验原理

RLC 串联电路如图 3.12 所示,接于频率可变的正弦电源上,有如下关系:

$$I = \frac{U}{|Z|} = \frac{U}{\sqrt{R'^2 + \left(\omega L - \frac{1}{\omega C}\right)^2}} \tag{3.2}$$

$$R' = R + r$$

其中

式中,r 为线圈内阻。

当 $\omega L = \dfrac{1}{\omega C}$ 时,电路产生谐振,谐振频率为

$$f_0 = \frac{1}{2\pi\sqrt{LC}} \tag{3.3}$$

电路谐振时具有以下特征：

（1）阻抗 $|Z| = R + r$ 为最小，电流 $I = \dfrac{U}{R+r}$ 达到最大。

（2）由于电源电压与电路中的电流同相，因此电路对电源只呈电阻性。

（3）当 $X_L = X_C > R'$ 时，U_L 和 U_C 都高于电源电压 U。

U_L 或 U_C 与电源电压 U 之比，称为品质因数，通常用 Q 表示：

$$Q = \frac{U_C}{U} = \frac{\omega_0 L}{R+r} = \frac{1}{\omega_0 C(R+r)} \tag{3.4}$$

其中
$$\omega_0 = 2\pi f_0$$

RLC 串联电路不同品质因数的谐振曲线如图 3.13 所示。由该图可见，电路品质因数越大，曲线越尖锐。

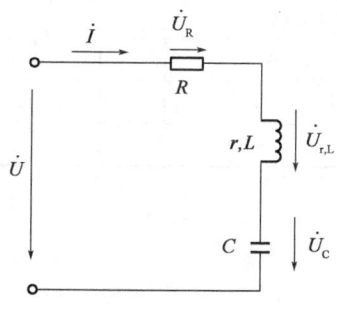

图 3.12　RLC 串联电路

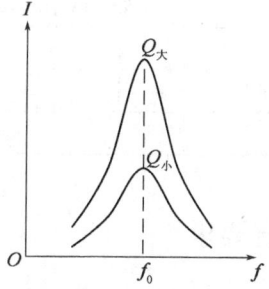

图 3.13　谐振曲线

3.3.5　实验内容

1. 观察电路的谐振状态

按图 3.12 接线。R 取 510Ω，L 取 10mH，C 取 2200pF，按照式（3.3）计算理论谐振频率 f_0，调节信号发生器输出有效值 1V、频率为理论谐振频率的正弦信号。用交流毫伏表测量电阻 R 上的电压，调节正弦信号的频率使 U_R 达到最大，这时电路达到谐振，测量此时的电压 U_R、$U_{r,L}$、U_C，并测量谐振频率 f_0，记入表 3.6 中。

表 3.6　谐振状态记录表

项目	f_0	U	U_R	U_C	$U_{r,L}$
测量值					
理论值					

注意：

（1）谐振时 $U_{r,L}$、U_C 比 U 大 Q 倍，毫伏表应选择较高的电压量程，以免损坏仪器。

（2）测量 $U_{r,L}$、U_C 时，应将 L 或 C 改接在适当的位置，使毫伏表的地线与信号发生器的地线接在一起，否则将产生不必要的误差。

2. 观察谐振曲线

实验电路如图 3.13 所示，$R=510\Omega$，$L=10\text{mH}$，$C=2200\text{pF}$，调节信号发生器输出有效值 2V 的正弦信号，逐渐增大正弦信号的频率，分别测量各频率点的 U_R 值，记录于表 3.7 中（在谐振频率附近要多测几组数据），并计算电流 I。将图 3.13 电路中的电阻 R 更换为 $2\text{k}\Omega$，重复上述的测量过程，记录于表 3.8 中并计算 Q。

表 3.7 谐振曲线数据记录表 1

$R=510\Omega,L=10\text{mH},C=2200\text{pF},Q=$											
f					$f_0=$						
U_R											
I											

表 3.8 谐振曲线数据记录表 2

$R=2\text{k}\Omega,L=10\text{mH},C=2200\text{pF},Q=$											
f					$f_0=$						
U_R											
I											

3.3.6 实验报告要求

(1) 计算表 3.6 中 f_0、U、U_R、U_C、$U_{r,L}$ 的理论值。

(2) 根据表 3.7、表 3.8 的实验数据，以 I 为纵坐标，f 为横坐标，绘制串联谐振曲线，并分析。

3.3.7 思考题

(1) 串联谐振有哪些应用？
(2) 若是 RLC 并联电路，什么条件会发生谐振？有哪些特征？

3.4 实验四 单相正弦交流电路及功率因数的提高

3.4.1 实验目的

(1) 熟悉单相正弦交流电路的主要特点，掌握交流串联电路中总电压与分电压的关系、并联电路中总电流与各支路电流的关系。

(2) 加深理解功率因数提高的方法及意义。

(3) 了解日光灯电路的工作原理及接线。

（4）学习交流电压表、交流电流表、功率表的使用方法。

3.4.2 预习要求

（1）复习单相正弦交流电路中电压、电流的相量关系。
（2）复习电路功率因数提高的方法及原理。
（3）熟悉日光灯的工作原理及日光灯电路的正确接线。

3.4.3 实验设备

本实验在电工电路实验台上完成，用到的模块如表3.9所示。

表3.9 实验模块

序号	名称	数量	型号	备注
1	三相空气开关	1块	30121242	实验台
2	三相熔断器	1块	30121002	实验台
3	日光灯开关板	1块	30121012	实验台
4	日光灯镇流器板带电容	1块	30121036	实验台
5	单相电量仪（含交流电压表、电流表、功率表）	1块	30121098	实验台

3.4.4 实验原理

电力系统中的负载大部分是感性负载（如日光灯电路），其功率因数较低，为提高电源的利用率和减少供电线路的损耗，往往采用在感性负载两端并联电容器的方法来进行无功补偿，以提高线路的功率因数。在本实验中，利用日光灯电路来模拟实际的感性负载，观察单相交流电路的各种现象。

1. 日光灯电路的组成及工作原理

1）组成

日光灯又称荧光灯，主要由灯管、镇流器和启辉器三个部分组成。电路如图3.14所示。

灯管是一根玻璃管，其内壁涂有荧光粉，管内充有氩、氖、氪等惰性气体和汞蒸气，两端有灯丝，灯丝上涂有一种或多种耐热的碳酸盐电子粉成为氧化物阴极，以供热电子发射。

镇流器是一个具有铁芯的电感线圈。在日光灯启动时，由它产生很大的感应电动势使灯管点燃，在灯管正常工作后起限制电流的作用。

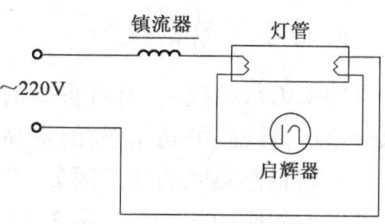

图3.14 日光灯电路

启辉器是一个充有氖气的玻璃泡。其内部装有两个触片，一个是不动的静触片，一个是用热膨胀系数不同的双金属片制成的"n"型动触片。启辉器在电路中使日光灯自动点亮，起自动开关作用。

2) 工作原理

刚接通电源时,电源电压全部加到启辉器的两个触片之间,启辉器里的氖气被电离产生辉光放电,双金属片受热伸直与静触片接触,于是灯管中的灯丝流过较大的电流,灯丝被加热而发射电子,同时启辉器内因两个触片的接触而停止辉光放电,双金属片的动触片冷却与静触片分开。在两触片分开瞬间,电感线圈(镇流器)因电路突然断开而产生很高的感应电动势,它和电源电压叠加后作用在灯管两端,使管内水银气体电离发生弧光放电,弧光放电所放射的紫外线使灯管内壁的荧光粉激发,发出可见光,日光灯被点亮。

2. RL 电路的分析

日光灯稳态工作时,灯管可认为是电阻性负载 R;镇流器可认为是电感很大的感性负载,用线圈内阻 r 和电感 L 等效代替,两者串联构成 RL 串联电路,等效电路如图 3.15 所示。

以电流 i 为参考相量,则电路中的电量与参数的关系如下,其相量图如图 3.16 所示。

$$\dot{U} = \dot{U}_R + \dot{U}_r + \dot{U}_L = \dot{I}(R + r + jX_L) = \dot{I}Z \tag{3.5}$$

$$Z = (R + r) + jX_L = \sqrt{(R+r)^2 + X_L^2} \angle \arctan\frac{X_L}{R+r} \tag{3.6}$$

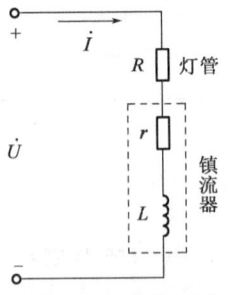
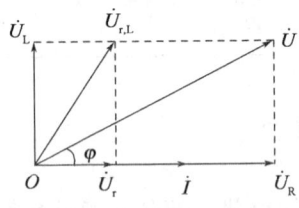

图 3.15 日光灯电路的等效电路 　　　　图 3.16 RL 串联电路相量图

电路所消耗的有功功率为

$$P = UI\cos\varphi \tag{3.7}$$

式中,$\cos\varphi$ 为电路的功率因数。上式可改写成

$$\cos\varphi = \frac{P}{UI} = \frac{P}{S} \tag{3.8}$$

可见,只要测出电路的电压、电流和有功功率的值,即可求出电路的功率因数。

3. 功率因数的提高

功率因数的提高,有着重要的经济意义:一方面可以提高电源设备的利用率;另一方面可以减小传输线路的功率损耗,提高电能的传输效率。

提高感性负载的功率因数,常采用的方法是在感性负载的两端并联适量的电容器,其原理电路图和相应的相量图如图 3.17 所示。由该图可知,并联电容 C 后,不影响感性负载的正常工作,其参数和电量不变,电路有功功率不变,但线路总电流减小了,功率因数角减小了,功率因数提高了。所需并联电容的值可按式(3.9)计算。

$$C = \frac{P}{\omega U^2}(\tan\varphi_1 - \tan\varphi_2) \tag{3.9}$$

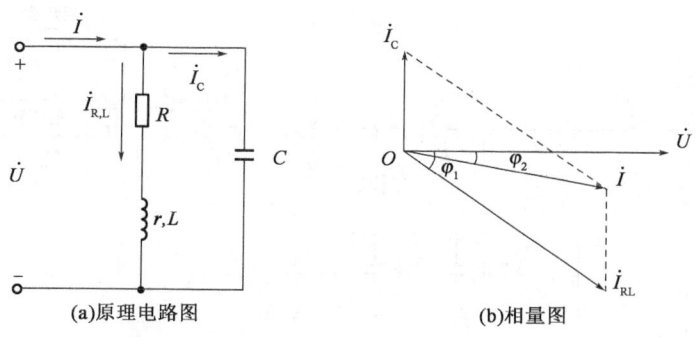

(a)原理电路图 (b)相量图

图 3.17 提高功率因数的原理电路图及其相量图

3.4.5 实验内容

1. RL 串联电路的测量

按图 3.18 接好线路,检查无误后接通电源,观察日光灯启动过程,按照表 3.10 中所列数据进行测量,并将数据记入表中。(电路图中⊥表示此处可接入电流插孔板,便于测量电流,下同。)

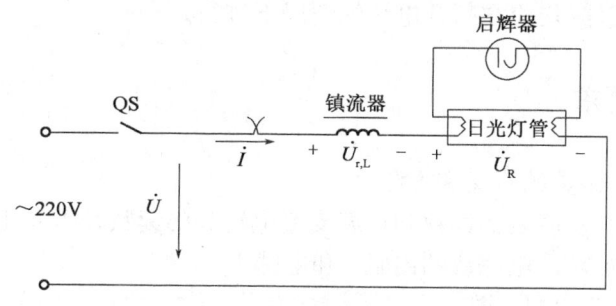

图 3.18 RL 串联电路的测量电路图

表 3.10 RL 串联电路测量数据记录表

测量值						计算值
U, V	U_R, V	$U_{r,L}$, V	I, A	P, W	$\cos\varphi$	$\cos\varphi$

2. 功率因数提高的测试

在上述实验的基础上,分别将三个不同容量的电容器并联接入电路,如图 3.19 所示。按照表 3.11 中所列数据进行测量,并将数据记入表中。

3. 注意事项

(1) 本实验采用 220V 工频交流电,务必注意用电安全和人身安全。
(2) 功率表要正确接入电路。

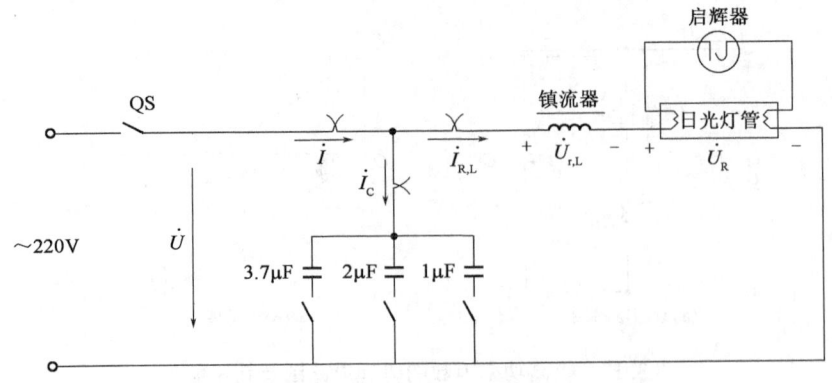

图 3.19 功率因数提高的测试电路图

表 3.11 功率因数提高测量数据记录表

电容值	测 量 值								计算值
C,μF	U,V	U_R,V	$U_{r,L}$,V	I,A	$I_{R,L}$,A	I_C,A	P,W	$\cos\varphi$	$\cos\varphi$
1									
2									
3.7									

(3)若电路接线正确,但是日光灯不能启辉时,应检查启辉器及其接触是否良好。
(4)每一次改接线路,均应在断开电源的情况下进行。

3.4.6 实验报告要求

(1)说明提高功率因数的意义和方法。
(2)改变电容值时,功率表的读数和负载支路电流表的读数是否变化,为什么?
(3)根据实验数据,求出电感线圈内阻 r 和电感 L。
(4)画出 $C=3.7\mu F$ 的相量图。

3.4.7 思考题

(1)给感性负载所并联的电容是否越大越好?为什么?
(2)提高功率因数的方法可以采用串联电容器吗?为什么?

3.5 实验五 三相交流电路实验

3.5.1 实验目的

(1)掌握三相交流电路中负载的星形、三角形连接方法。
(2)验证三相对称负载在不同连接方法下的线电压与相电压之间的关系以及线电流与相

电流之间的关系。

(3)了解三相四线供电系统中中线的作用。

3.5.2 预习要求

(1)三相负载在什么条件下进行星形或三角形连接？

(2)三相负载进行星形和三角形连接时，线电压与相电压、线电流与相电流之间的关系。

(3)分析星形连接不对称负载在无中线的情况下，当某相负载开路或短路时会出现什么情况。

3.5.3 实验设备

本实验在电工电路实验台上完成，用到的模块如表3.12所示。

表3.12 实验模块

序号	名称	数量	型号	备注
1	三相空气开关	1块	30121242	实验台
2	三相熔断器	1块	30121002	实验台
3	灯泡负载板	2块	30111093	实验台
4	单相电量仪	1块	30121098	实验台
5	测电流插孔板	1块	30111055	实验台

3.5.4 实验原理

1. 三相电压

幅值相等、频率相同、相位互差120°的三个正弦交流电压称为三相对称正弦电压，可由三相交流发电机产生，三相电压为

$$\begin{cases} U_A = U_m \sin\omega t \\ U_B = U_m \sin(\omega t - 120°) \\ U_C = U_m \sin(\omega t + 120°) \end{cases} \quad (3.10)$$

三相电压可为负载提供两种电源电压，即线电压U_L和相电压U_P，两者关系为$U_L = \sqrt{3}\,U_P$。

2. 三相负载的连接

三相负载的连接方式有星形(Y形)连接和三角形(△形)连接两种。三相负载又分为对称负载和不对称负载。

1)三相负载星形连接

三相负载星形连接如图3.20所示，当负载对称时，$U_L = \sqrt{3}\,U_P$，$I_L = I_P$，中线电流$I_N = 0$，此时中线可不接。当负载不对称时，若有中线，则三相负载的相电压仍对称，负载正常工作，但中

线电流 $I_N \neq 0$；若无中线，三相负载的相电压不对称（严重时会使负载的工作状态不正常，甚至发生事故）。

由此可见，中线的作用是使星形连接时的不对称负载的相电压对称。

2）三相负载三角形连接

三相负载三角形连接如图 3.21 所示，当负载对称时，$U_L = U_P$，$I_L = \sqrt{3} I_P$；当负载不对称时，$U_L = U_P$，$I_L \neq \sqrt{3} I_P$。

由此可见，三相负载进行三角形连接时，无论负载对称与否，只要电源的线电压对称，则加在负载上的相电压也是对称的，对各相负载的工作没有影响。

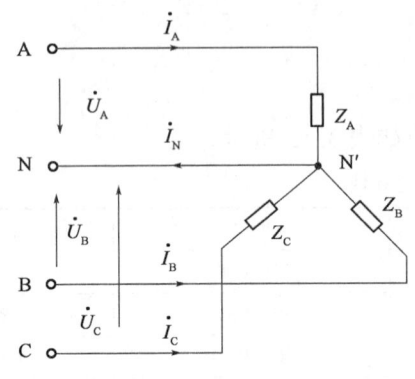

图 3.20　三相负载星形连接

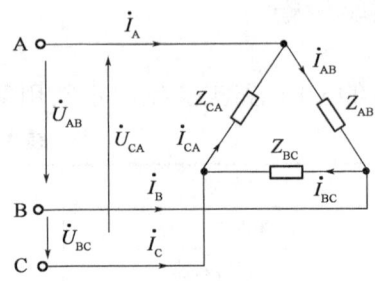

图 3.21　三相负载三角形连接

3.5.5　实验内容

1. 三相电源数据记录

测量三相四线制电源的线电压、相电压，填入表 3.13。

表 3.13　三相电源数据记录表

线电压			相电压		
U_{12}	U_{23}	U_{31}	U_1	U_2	U_3

2. 负载作星形连接

(1)将三相负载（每相负载由两个灯泡串联组成）按图 3.22 所示连成星形连接，经检查无误后接通三相电源。

(2)按照表 3.14 要求对下述两种负载情况进行测量并记录数据：

①负载对称：每相负载开启 2 盏灯。

②负载不对称：将 C 相负载多串联一盏灯泡，其他两相不变，即 A 相开启 2 盏灯、B 相开启 2 盏灯、C 相开启 3 盏灯。

所要测量的电压均是指负载两端的线电压、相电压，而非三相电源输出端的线电压、相电压，下同。

注意:在断开中线时,由于各相电压不平衡,测量完毕应立即断开电源或接通中线。

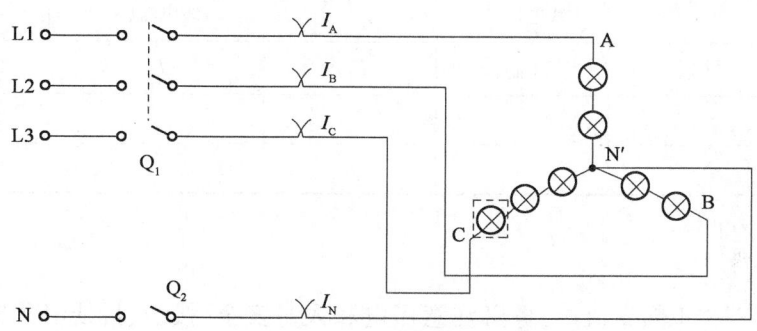

图 3.22　负载作星形连接实验电路图

表 3.14　负载作星形连接实验数据记录表

负载情况	中线情况	线电压,V			相电压,V			线电流,A			中线电流,A
		U_{AB}	U_{BC}	U_{CA}	$U_{AN'}$	$U_{BN'}$	$U_{CN'}$	I_A	I_B	I_C	I_N
对称	有中线										
	无中线										
不对称	有中线										
	无中线										

3. 负载作三角形连接

(1)将三相负载(每相负载由两个灯泡串联组成)按图 3.23 所示连成三角形连接,经检查无误后接通三相电源。

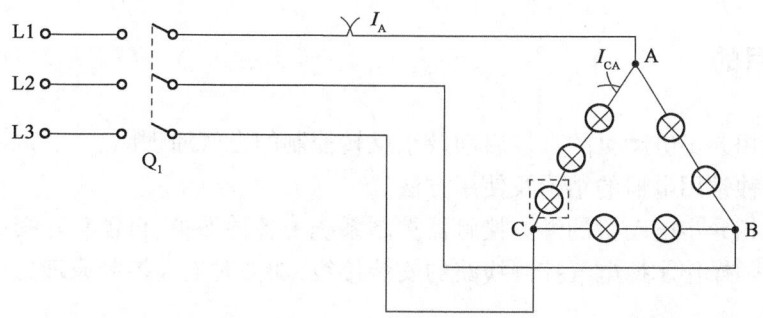

图 3.23　负载作三角形连接实验电路图

(2)按照表 3.15 要求对下述两种负载情况进行测量并记录数据:
①负载对称:每相负载开启 2 盏灯。
②负载不对称:将 CA 相负载多串联一盏灯泡,其他两相不变,即 AB 相开启 2 盏灯、BC 相开启 2 盏灯、CA 相开启 3 盏灯。

表 3.15　负载作三角形连接实验数据记录表

负载情况	线电压，V			线电流，A	相电流，A
	U_{AB}	U_{BC}	U_{CA}	I_A	I_{CA}
对称					
不对称					

4．注意事项

本实验采用三相工频交流电，务必注意用电和人身安全，接线、拆线必须断电，严格遵守"先接线、再检查、后通电，先断电、后拆线"的操作原则。

3.5.6　实验报告要求

(1)根据实验测得的数据验证对称三相电路中的$\sqrt{3}$关系。
(2)根据实验结果，分析三相电路不对称负载星形连接时中线的作用。
(3)根据实验数据，作出不对称负载星形连接有中线时各电量的相量图。

3.5.7　思考题

(1)本应三角形连接的负载，如误将其接成星形，会产生什么后果？
(2)本应星形连接的负载，如误将其接成三角形，又会有什么后果？

3.6　实验六　三相异步电动机的直接启动和正反转控制

3.6.1　实验目的

(1)掌握三相异步电动机的直接启动及正反转控制的电气原理图。
(2)熟悉各种常用电器的结构及使用方法。
(3)了解三相异步电动机的继电接触器控制系统中各种保护、自锁和互锁等控制环节。
(4)通过实际操作掌握电气控制线路的安装接线，加强对电气控制原理的理解。

3.6.2　预习要求

(1)复习三相异步电动机的工作原理。
(2)熟悉各种常用电器的结构、原理、符号。
(3)看懂三相异步电动机的直接启动及正反转控制线路图。
(4)三相电动机定子绕组如何接成 Y 形或三角形。

3.6.3 实验设备

本实验在电工电路实验台上完成,用到的模块如表 3.16 所示。

表 3.16 实验模块

序号	名　　称	数量	型号	备注
1	三相空气开关	1 块	30121242	实验台
2	三相熔断器	1 块	30121002	实验台
3	按钮	2 块	30121007	实验台
4	热继电器	2 块	30421005	实验台
5	交流接触器	2 块	30421004	实验台
6	三相异步交流电动机	1 台		

3.6.4 实验原理

为保证电动机能够正常运行,在使用前应先明确其铭牌数据的内容,确定其相关参数,同时检查电动机转子是否转动灵活。必要时,还应测定电动机的绝缘电阻,对于额定电压 380V、额定功率小于 100kW 的电动机,其绝缘电阻不得低于 $0.5M\Omega$。

1.三相异步电动机的启动

异步电动机在启动时,启动电流可达额定电流的 4~7 倍。所以通常在没有配备专用电源的情况下,只有容量小于 10kW 的笼型电动机可以直接启动;容量大于 10kW 时,必须采用降压启动。

2.三相异步电动机的反转

异步电动机要想实现反转,只要改变电源相序即可,也就是把接到电动机上的三根电源线中的任意两根进行调换。

3.三相异步电动机的控制

继电接触器控制在各类生产机械中应用广泛,可实现对电动机的启动、停止、正反转、调速及制动等控制。

三相异步电动机的点动、长动控制电路如图 3.24 所示。其中熔断器 FU 起短路保护作用,热继电器 FR 起过载保护作用,交流接触器 KM 起零压(或失压)保护作用。点动与长动控制的主要区别在于长动控制是在点动控制的基础上增加了自锁环节。

三相异步电动机的正反转控制电路如图 3.25 所示。采用两台交流接触器分别控制正转和反转,同时在控制线路中增加互锁环节,以确保两台交流接触器线圈不能同时通电,保证电动机的正常运行。

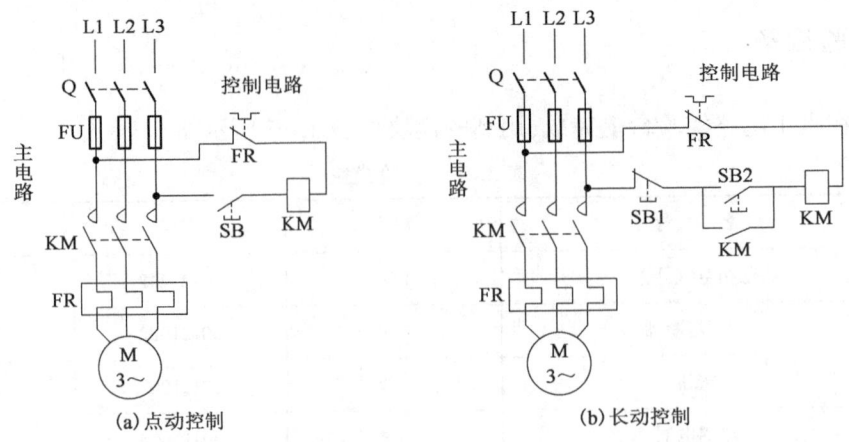

图 3.24 三相异步电动机点动控制和长动控制电路

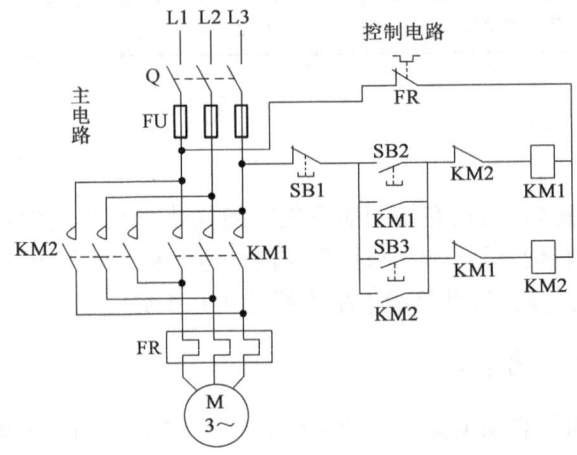

图 3.25 三相异步电动机正反转控制电路

3.6.5 实验内容

1.铭牌数据记录

观察三相异步电动机,将其壳上的铭牌数据记录在表3.17中。

表 3.17 电动机铭牌数据记录表

型号	额定功率,kW	额定电压,V	额定电流,A	频率,Hz	转速,r/min	接法

2.三相异步电动机直接启动控制

(1)按图3.24(a)点动控制电路接线,检查无误后,接通电源。
(2)操作按钮,观察电动机点动运行情况,并记录运行过程。
(3)切断电源,保持主电路不变,按图3.24(b)长动控制电路接线,检查无误后,接通电源。

(4)操作按钮 SB1 和 SB2,观察电动机启动和停止情况,并记录运行过程。

(5)分析自锁时触头的工作状态,从而体会自锁的作用。

3. 三相异步电动机正反转控制

(1)按图 3.25 正反转控制电路接线,检查无误后,接通电源。

(2)进行电动机正反转启动和停止操作,同时观察电动机的旋转方向,并记录运行过程。

(3)观察互锁时触头的工作状态,从而体会互锁的作用。

3.6.6 实验报告要求

(1)完成电路的操作控制,并详细记录运行过程。

(2)实验中是否出现不正常情况,如何纠正?

3.6.7 思考题

(1)缺相是三相电动机运行的一大故障,在启动或转动时发生缺相,会出现什么现象?有何后果?

(2)熔断器和热继电器可以互换使用吗?

(3)请用复合式按钮完成电动机正反转控制线路的设计。

第4章 电子技术实验

4.1 实验七 单级放大电路的测试

4.1.1 实验目的

(1) 学习综合使用直流稳压电源、示波器、信号发生器、交流毫伏表和数字万用表。
(2) 掌握三极管(BJT)单级共射放大电路静态工作点的测量和调整方法。
(3) 掌握 BJT 单级共射放大电路电压放大倍数 A_v 的测量方法。
(4) 观察改变 R_{B1}、R_C、R_L 值对电压放大倍数及非线性失真的影响。

4.1.2 预习要求

(1) 阅读本教材附录 2 常用电子仪器的使用,复习直流稳压电源、信号发生器、交流毫伏表、示波器、数字万用表等仪器的使用方法,应做到较熟练地使用和操作。
(2) 复习教材中有关章节,熟悉 BJT 单级共射放大电路静态工作点的设置,电压放大倍数、非线性失真等内容。

4.1.3 实验设备

示波器、信号发生器、直流稳压电源、交流毫伏表、数字万用表。

4.1.4 实验原理

1. 参考电路

实验参考电路如图 4.1 所示。该电路采用自动稳定静态工作点的分压式共射极偏置电路,其温度稳定性好。三极管选用硅高频小功率三极管 9013,电位器 R_P 为调整静态工作点而设。

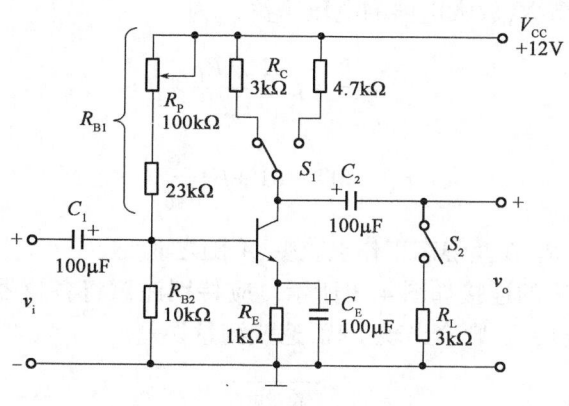

图 4.1 实验原理图

2. 静态工作点的估算与调整

静态工作点是指输入交流信号为零时三极管的基极电流 I_{BQ}、集电极电流 I_{CQ} 和管压降 V_{CEQ}。

在三极管放大电路的图解分析中可知,为了使放大器的工作不进入非线性区产生波形失真,就必须设置一个合适的静态工作点 Q。为了获得最大不失真的输出电压,静态工作点应该设置在输出特性曲线上交流负载线的中点,如图 4.2 所示。若工作点设置过高,易引起饱和失真;若设置过低,就会产生截止失真。为了获得合适的静态工作点,需要通过调整确定,一般是通过改变偏置电阻 R_B 来调节静态工作点。当然,如果输入信号过大,使三极管工作在非线性区,即使静态工作点选在交流负载线的中点,输出电压波形仍可能出现双向失真。

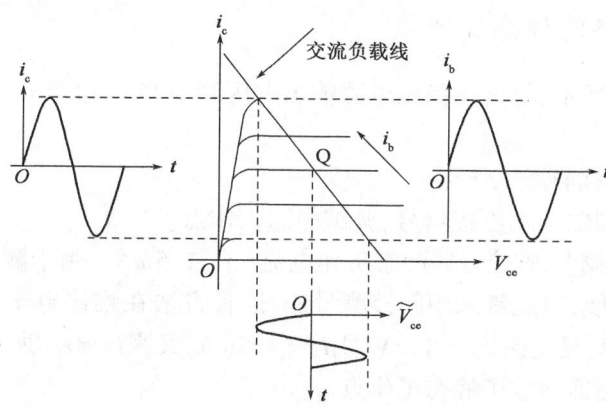

图 4.2 有最大动态范围的静态工作点

3. 放大电路电压增益的测量

放大电路电压增益 A_v 是指输出电压与输入电压的有效值之比,即

$$A_v = \frac{V_o}{V_i} \tag{4.1}$$

式中　V_o——输出电压的有效值;
　　　V_i——输入电压的有效值。

对图 4.1 电路所示参数,放大电路的电压增益 A_v 为

$$A_v = -\beta \frac{R_c /\!/ R_L}{r_{be}} \tag{4.2}$$

其中
$$r_{be} = 200 + (1+\beta)\frac{26}{I_{EQ}}$$

由公式可见,若 R_C、R_L、β 及静态工作点改变,A_v 随之改变。

放大电路与仪器仪表的连接如图 4.3 所示。应特别注意将各仪器的"地线"与放大电路的"地线"(公共点)相连接,否则会出现干扰,造成测量误差。

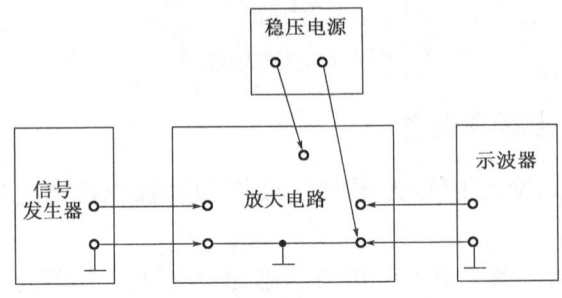

图 4.3 电路连接示意图

4.1.5 实验内容

1. 测量放大电路的静态工作点

(1) 电路如图 4.1 所示,将直流稳压电源输出电压调至 12V,接至放大器的电源端,注意电源极性不能接反。

(2) 用间接方式调试静态工作点。

① 输入端 v_i 为 0,即输入端不接信号,调试静态工作点。

② 当 $R_C = 3\text{k}\Omega$ 时,调节 R_P 使电路静态工作电流 $I_{CQ} = 1.5\text{mA}$。由于测量电流必须将电流表串联在电路中,很不方便,因此常采用间接测量法,这种方法在维修电子电路时非常方便。因为本实验电路 $R_E = 1\text{k}\Omega$,只要使 $V_{R_E} = 1.5\text{V}$,则 $I_E = 1.5\text{mA}$,又因 $I_C \approx I_E$,所以此时 $I_C = 1.5\text{mA}$,即 $I_{CQ} = 1.5\text{mA}$。通过此法即确定了静态工作点。

(3) 测量静态工作点。当 $I_{CQ} = 1.5\text{mA}$ 时,测量 V_{BE}、V_{CEQ} 的值,将结果记入表 4.1 中。

表 4.1 静态工作点测试($R_C = 3\text{k}\Omega, v_i = 0$)

测量值	$I_{CQ} \approx V_{R_E}/R_E$	$I_B, \mu\text{A}$	V_{BE}, V	V_{CEQ}, V	$\bar{\beta} = I_C/I_B$
$V_{R_E} = 1.5\text{V}$					

(4) 测量直流放大系数 $\bar{\beta}$。当 $I_{CQ} = 1.5\text{mA}$ 时,数字万用表置直流电流挡,将万用表串入基极电路中,测出 I_B,将结果记入表 4.1 中。

2. 测量放大电路的电压放大倍数

保持静态工作点 $I_{CQ}=1.5\text{mA}$ 不变，从信号发生器输出频率 $f=1\text{kHz}$、有效值 $V_i=5\text{mV}$ 的正弦电压加至放大电路输入端，测量改变 R_C 和 R_L 时的输出电压 V_o，记入表 4.2 中。

表 4.2　电压放大倍数　($V_i=5\text{mV},f=1\text{kHz}$)

R_L 值	R_C 值	输出电压 V_o	$A_V=V_o/V_i$	理论计算 A_V
$R_L=\infty$	$R_C=3\text{k}\Omega$			
$R_L=3\text{k}\Omega$	$R_C=3\text{k}\Omega$			
$R_L=\infty$	$R_C=4.7\text{k}\Omega$			

3. 观察静态工作点的位置变化引起输出波形非线性失真

(1) 静态工作点选择合适，即 $V_{R_E}=1.5\text{V}$，输入信号有效值 V_i 为 5mV，频率 $f=1\text{kHz}$，用示波器观察 v_o 波形，描绘波形，记入表 4.3 中。

(2) 保持上述静态工作点不变，逐渐加大输入信号 $V_i=30\text{mV}$，$f=1\text{kHz}$（注意：信号过大会损坏晶体管），用示波器观察 v_o 波形，直到产生饱和失真和截止失真为止，描绘波形并用万用表直流电压挡测量 V_{R_E} 值，记入表 4.3 中。

(3) 按表 4.3 中的 (3)、(4) 项逆时针、顺时针调节 R_P，分别调节 $V_i=5\text{mV}$ 和 $V_i=30\text{mV}$，$f=1\text{kHz}$，用示波器观察输出电压 v_o 波形，同时用万用表直流电压挡测量相应的 V_{R_E} 值，记入表 4.3 中。

表 4.3　波形非线性失真情况 ($f=1\text{kHz},R_C=3\text{k}\Omega,R_L=\infty$)

工作点的设置	V_{R_E},V	V_i,mV	输出电压 v_o 波形
(1) R_P 阻值选择适中，工作点位置合适，输出无失真		5	
(2) R_P 阻值适中，工作点位置合适，信号过大，产生双重失真		30	
(3) R_P 阻值太小，工作点位置偏高，产生饱和失真（$R_{B1}=20\text{k}\Omega$）		5	
(4) R_P 阻值太大，工作点位置偏低，产生截止失真（$R_{B1}=120\text{k}\Omega$）		30	

4.1.6　实验报告要求

(1) 画出实验电路图，整理实验数据。
(2) 将电路参数代入式 (4.2) 中，计算电压放大倍数并与实测值比较，分析误差原因。
(3) 分析 R_C 及 R_L 对放大电路电压放大系数的影响。
(4) 画出观察到的各种失真波形，判断它们各属于何种失真，并说明理由。

4.1.7 思考题

(1)测量放大电路静态工作点时,如果测得$V_{CEQ}<0.5\text{V}$,说明三极管处于什么工作状态?如果$V_{CEQ}\approx V_{CC}$,三极管处于什么工作状态?

(2)图4.1所示电路中,上偏置固定电阻起什么作用?既然有了R_P,不要该固定电阻可否?为什么?

(3)负载电阻变化时,对放大电路静态工作点有无影响?对电压增益有无影响?

4.2 实验八 集成运算放大器的线性运用

4.2.1 实验目的

(1)了解集成运算放大器的引脚分布及其功能。
(2)掌握集成运算放大器的正确使用方法及特点。
(3)掌握用集成运算放大器构成各种基本运算电路的方法,并对其运算结果进行测试。
(4)掌握积分器输入、输出波形的测量和描绘方法。

4.2.2 预习要求

(1)复习由运算放大器组成的同相与反相比例运算、加法器、减法器、积分器等运算电路的工作原理。

(2)写出上述五种运算电路的v_i、v_o关系表达式,实验前计算好实验内容中的有关理论值,以便与实验测量结果作比较。

4.2.3 实验设备

示波器、信号发生器、直流稳压电源、数字万用表。

4.2.4 实验原理

集成运算放大器是由多级直接耦合放大电路组成的,具有高增益(一般可达120dB)、高输入阻抗(通常为$100\text{k}\Omega\sim10\text{M}\Omega$)、低输出阻抗(通常为$70\sim300\Omega$)的放大器,且具有体积小、功耗低、可靠性高、使用方便等优点。它外加反馈网络后,可实现各种不同的电路功能,如果反馈网络为线性电路,可实现加、减、微分、积分运算;如果反馈网络为非线性电路,则可实现对数、乘法、除法等运算;除此之外还可组成各种波形发生器,如正弦波、三角波、脉冲波发生器等,因此在电子技术中得到了广泛的应用。

本实验采用μA741集成运算放大器和外接电阻、电容等构成基本运算电路。集成运算放大器的电路模型如图 4.4 所示,实际的运算放大器 μA741 的引脚分布如图 4.5 所示。图中,1 脚和 5 脚是一对调零端子,作用是运放正负双电源供电时,通过这一对端子外接调零电路实现零输出;2 脚是反相输入端;3 脚是同相输入端;4 脚是负电源端;6 脚是输出端;7 脚是正电源端;8 脚空置。

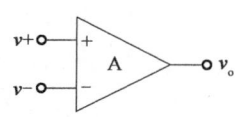
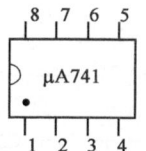

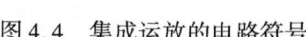

图 4.4　集成运放的电路符号　　　图 4.5　μA741 引脚分布图

由于运算放大器内部晶体管的极间电容和其他寄生参数的影响,很容易产生自激振荡,这样就破坏了运算放大器的正常工作。因此使用时要进行消振,通常是外接 RC 电路来改变电路的频率特性,破坏其自振条件达到消振的目的。也有些运算放大器,其内部已有消振电路,使用时不必外接消振电路。

又由于运算放大器内部参数不可能完全对称,以致当输入信号为零时,输出信号不为零,因此需外接调零电路。调零时应将线路接成闭环,且在消振情况下使输入信号为零,调节调零电位器使输出电压为零。

为了防止运算放大器在工作中损坏,可在输入端、输出端和电源电路加保护。

1. 反相比例运算

反相比例放大器原理图如图 4.6 所示,输出电压与输入电压关系式为

$$v_o = -\frac{R_f}{R_1}v_i \tag{4.3}$$

由上式可知,该电路的增益和运放的性能指标无关,只要改变电阻 R_1 和 R_f 的比值,就可以改变电路增益。

注意:运算放大器同相输入端外接电阻 R_2 是直流补偿电阻,可减小运算放大器偏置电流产生的不良影响,一般取 $R_2 = R_1 // R_f$。

2. 同相比例运算

同相比例放大器原理图如图 4.7 所示,输出电压与输入电压关系式为

$$v_o = \left(1 + \frac{R_f}{R_1}\right)v_i \tag{4.4}$$

3. 反相加法运算

实际电路中经常会遇到对模拟信号进行代数相加,该功能电路可使用反相加法器或同相加法器实现,图 4.8 为反相加法运算电路。输出电压与输入电压关系式为

$$v_o = -\frac{R_f}{R}(v_{i1} + v_{i2}) \tag{4.5}$$

4. 同相加法运算

同相加法运算电路如图 4.9 所示,输出电压与输入电压关系式为

$$v_o = \left(1 + \frac{R_f}{R_1}\right)(K_1 v_{i1} + K_2 v_{i2}) \tag{4.6}$$

其中 $K_1 = \dfrac{R_3}{R_2 + R_3}, K_2 = \dfrac{R_2}{R_2 + R_3}, R_1 = R_2, R_3 = R_f$

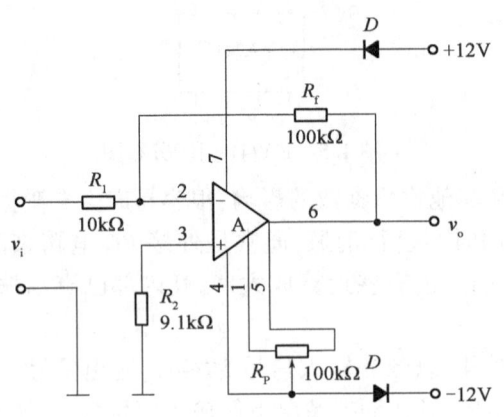

图 4.6 反相比例运算电路

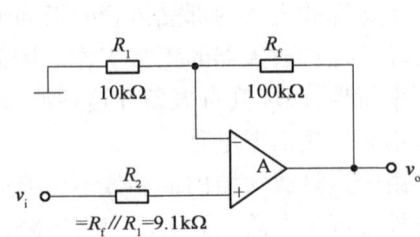

图 4.7 同相比例运算电路

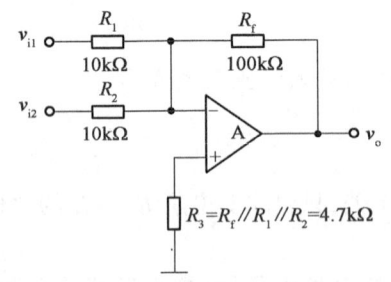

图 4.8 反相加法运算电路

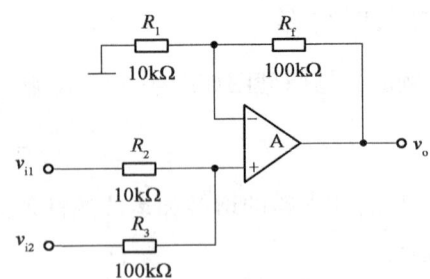

图 4.9 同相加法运算电路

5. 减法运算

减法器的构成是集成运放在两个输入端同时输入信号的情况下得到两个模拟信号相减的运算结果,如图 4.10 所示,输出电压与输入电压关系式为

$$v_o = \frac{R_f}{R_1}(v_{i2} - v_{i1}) \tag{4.7}$$

6. 近似积分电路

积分电路在波形产生器、波形变换、电压—时间变换、延时、滤波器的综合等方面应用很广,且形式多样。本实验是将方波转换成三角波。R 起放电作用,防止积分器永远保持在某一饱和状态。反相积分器的原理电路如图 4.11 所示,输出电压与输入电压关系式为

$$v_o = -\frac{1}{R_1 C} \int v_i \, dt \tag{4.8}$$

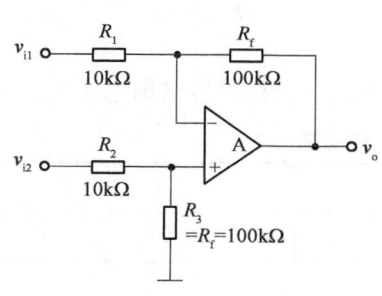

图 4.10 减法运算电路　　　　　图 4.11 近似积分电路

4.2.5 实验内容

1. 反相比例运算

(1) 按图 4.6 接好实验电路。
(2) 直流稳压电源每路调至 12V,作为正、负电源加至实验电路的正、负电源端。
(3) 按表 4.4 中给定的 v_i 值,分别测出对应的输出电压 v_o。

表 4.4　反相比例运算

v_i, V		0.5	0.3	0.1	−0.3	−0.5
v_o, V	理论结果					
	测试数据					

2. 同相比例运算

按图 4.7 换接好实验电路。按表 4.5 中给定的 v_i 值,测量输出电压 v_o。

表 4.5　同相比例运算

v_i, V		0.5	0.3	0.1	−0.3	−0.5
v_o, V	理论结果					
	测试数据					

3. 反相加法运算

按图 4.8 换接好实验电路。按表 4.6 中给定的 v_{i1}、v_{i2} 值,测量输出电压 v_o。

表 4.6　反相加法运算

v_{i1}, V		0.4	0.4	−0.4	−0.4
v_{i2}, V		0.2	−0.2	0.2	−0.2
v_o, V	理论结果				
	测试数据				

4. 同相加法运算

按图 4.9 换接好实验电路。按表 4.7 中给定的 v_{i1}、v_{i2} 值,测量输出电压 v_o。

表 4.7 同相加法运算

v_{i1}, V		0.4	0.4	−0.4	−0.4
v_{i2}, V		0.2	−0.2	0.2	−0.2
v_o, V	理论结果				
	测试数据				

5. 减法运算

按图 4.10 换接好实验电路。按表 4.8 中给定的 v_{i1}、v_{i2} 值,测量输出电压 v_o。

表 4.8 减法运算

v_{i1}, V		0.4	0.4	−0.4	−0.4
v_{i2}, V		0.2	−0.2	0.2	−0.2
v_o, V	理论结果				
	测试数据				

6. 积分电路

按图 4.11 接好实验电路。输入频率为 1kHz、幅值为 4V 方波信号 v_i,用示波器观察 v_i 和 v_o 波形并描绘输出波形。按比例确定输出波形的幅值,并将波形绘制在图 4.12 中。

v_i 的幅值 = ＿＿＿＿＿＿＿＿＿,

v_o 的幅值 = ＿＿＿＿＿＿＿＿＿。

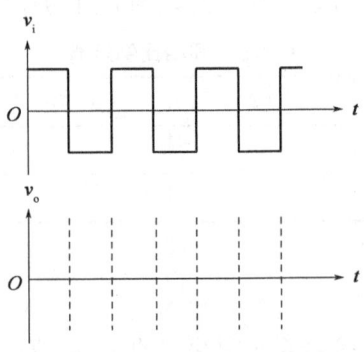

图 4.12 积分电路相关波形

4.2.6 实验报告要求

(1) 列出实验数据与理论值比较,并计算其误差。

(2) 记录实验过程中出现的故障或不正常工作情况,分析原因,说明解决的办法和过程。

4.2.7 思考题

(1) 若反相比例放大电路的电压放大倍数为 -20,输入电压的峰峰值为 1V,运放由 ±12V 的双电源供电,此时输出的峰峰值为多少? 为什么?

(2) 若输入信号与放大器的同相端连接,当信号正向增大时,运算放大器的输出是正还是负?

(3) 若输入信号与放大器的反相端连接,当信号负向增大时,运算放大器的输出是正还是负?

4.3 实验九 整流、滤波、稳压电路的测试

4.3.1 实验目的

(1) 掌握直流稳压电源电路的组成,通过实验了解各部分的工作原理。
(2) 进一步理解简单串联型稳压电路的工作原理。
(3) 学习三端稳压器的使用并了解其特点。

4.3.2 预习要求

(1) 复习教材中单相桥式整流电路、滤波电路的基本原理。
(2) 复习教材中稳压电路的基本原理。
(3) 测定稳压电源的性能。

4.3.3 实验设备

示波器、直流稳压电源、模拟电路实验箱、数字万用表。

4.3.4 实验原理

电子设备和自动控制装置中都需要电压稳定的直流电源供电,虽然在有些情况下可用化学电池作为直流电源,但大多数情况是利用电网提供的交流电源经过转换而得到直流电源的。单相小功率直流稳压电源一般由电源变压器、整流电路、滤波电路和稳压电路四部分组成,如图 4.13 所示。

1. 整流电路

整流电路的任务是将交流电变换成直流电,完成这一任务主要是靠二极管的单向导电作用,因此二极管是构成整流电路的关键元件(常称为整流管)。

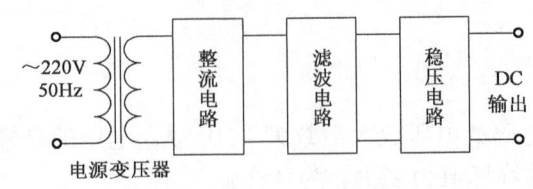

图 4.13　直流稳压电源原理框图

桥式整流电路,是全波整流电路的一种,变压器次级绕组接四只相同的整流二极管,接成电桥形式,故称为桥式整流电路,利用二极管的导引作用,使在负半周时也能把次级输出引向负载。具体接法如图 4.14 所示,从图中可以看到,在正半周时由 D_1、D_3 导引电流自上而下通过 R_L,负半周时由 D_2、D_4 导引电流也是自上而下通过 R_L,从而实现了全波整流,波形如图 4.15 所示。如果负载是纯电阻,输出电压 V_o 与输入交流电压 V_2 应满足:$V_o = 0.9V_2$。

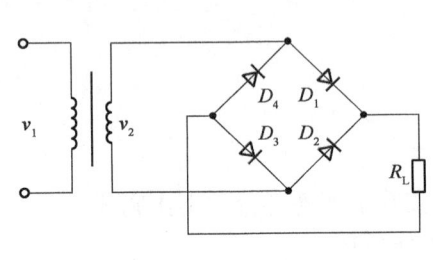
图 4.14　桥式整流电路

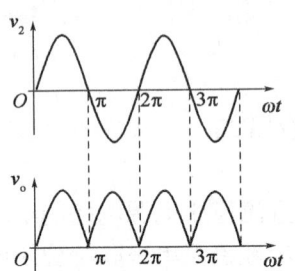
图 4.15　桥式整流波形

2. 滤波电路

由于整流电路的输出电压都含有较大的脉动成分,为了尽量减少脉动成分,还要尽量保留直流成分,使输出电压接近理想的直流,这种措施就是滤波。在本实验电路中采用的是电容滤波,即在负载电阻 R_L 上并联一个滤波电容 C,电路如图 4.16 所示,滤波后的波形如图 4.17 所示。接入电容滤波后,输出电压波形更加平滑,电压增大,即 $V_o = 1.2V_2$。

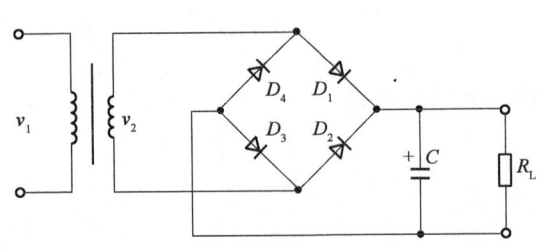
图 4.16　桥式整流、C 滤波电路

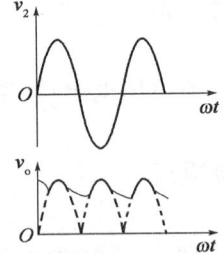
图 4.17　桥式整流、C 滤波波形

3. 稳压电路

为了得到更平滑、更稳定的直流电压,往往在滤波之后再采用稳压电路稳压。如图 4.18 是一简单串联型稳压电路,由取样、基准电压、比较放大、调整环节几部分组成。其中 T_1 为调整管,T_2 为放大管,D_Z 为稳压管。

在整流滤波电源后面加上稳压电路后,大大提高了直流电源输出电压的稳定性。稳压电源可以由分立元件组成,也可以采用集成稳压器。目前已大量面世的各种集成三端稳压器性能优越、保护功能较完善、价格低廉、使用方便,加之需要时其用途还可以进行扩展,故应用十分广泛。在高质量的直流稳压电源中,由分立元件组成的串联型稳压电路已被集成稳压器所取代。常见集成稳压器有三端固定输出的稳压器 W78(正电源)、W79(负电源)系列和三端可调输出稳压 W317(正电源)、W337(负电源)系列。

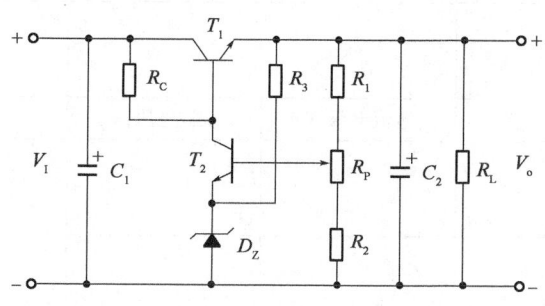

图 4.18　简单串联型稳压电路

4.3.5　实验内容

1. 桥式整流电路的测量与观察

(1)接通模拟实验箱电源,输入 10V 交流电压,数字万用表交流电压挡测量变压器副边电压,并用示波器观察波形并记录在表 4.9 中。

(2)按图 4.19 接好实验电路,将变压器副边绕组和桥式整流电路接通,用数字万用表直流电压挡测量负载电阻 R_L 两端的直流电压 V_o,用数字万用表交流电压挡测量负载电阻 R_L 两端的纹波电压,用示波器观察输出波形并记录于表 4.9 中。注意应将 R_1 电阻接入电路中。

(3)接成电容 C_2 滤波,重复步骤(2)。

(4)接成 π 型滤波,重复步骤(2)。

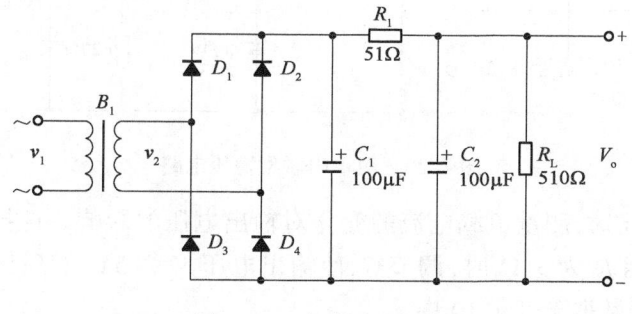

图 4.19　全波整流电路

2. 测试简单串联型稳压电路的稳压性能

当交流电源电压和负载电流变化时,直流稳压电源具有稳定输出直流电压 V_o 的作用。其主要性能指标有电压调节范围、电压调整率、纹波系数和内阻等。

电压调整率 S_D 是当负载电流不变、交流电网电压变化 ±10% 时,输出电压相对变化量的

百分数,即

$$S_D = \frac{|\Delta V_o|}{V_o} \times 100\% \tag{4.9}$$

表 4.9 全波整流电路的测量与观察

测量参数	电压有效值,V		波形
v_2 (变压器副边电压)			
测量参数	直流电压,V	纹波电压,V	波形
v_o (桥式整流无滤波)			
v_o (桥式整流加电容滤波)			
v_o (桥式整流加 π 型滤波)			

电源内阻 R_o 是当输入电压不变而负载电流变化时,输出电压的变化程度。用输出电压的变化量与输出电流的变化量之比来表示,即

$$R_o = \left|\frac{\Delta V_o}{\Delta I_L}\right| \tag{4.10}$$

按图 4.20 接好电路,作下列测试。

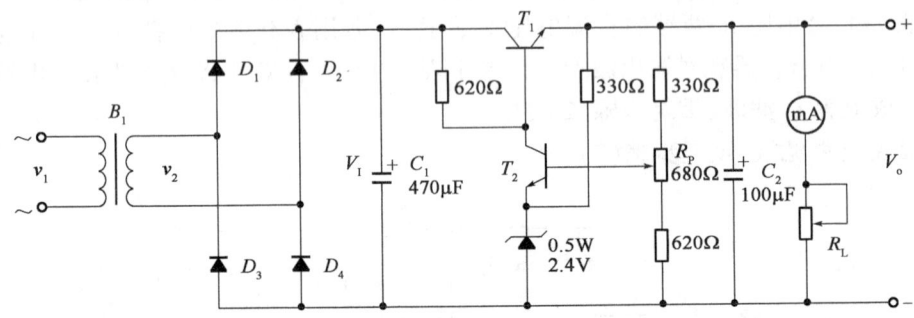

图 4.20 简单串联型稳压电路

(1)电源电压一定时,测量负载电流的变化对输出电压的影响。选择变压器输出副边电压为 10V,当负载电阻 R_L 为 51Ω 时,调节 R_P 使输出电压 V_o 为 5V,然后使 R_L 分别为 100Ω 和 33Ω,测量 V_o、I_L,记录数据于表 4.10 中。

表 4.10 串联稳压电路实验数据记录表

V_2,V	$R_L = 100\Omega$	$R_L = 51\Omega$	$R_L = 33\Omega$	实测 R_o
10V	$V_o =$ $I_L =$	$V_o = 5V$ $I_L =$	$V_o =$ $I_L =$	

(2)本实验用直流稳压电源模拟电网电压变化 ±10%,调节直流稳压电源的输出为 10V,

$R_L = 51\Omega$,调节电位器 R_P,使输出电压 $V_o = 5V$,然后使 V_I 为 9V、11V,测量输出电压 V_o,数据填入表 4.11 中,并计算电压调整率 S_D。

表 4.11 串联稳压电路实验数据记录表($R_L = 51\Omega$)

输出＼输入	V_I, V			实测 S_D
	9	10	11	
V_o, V		5		

3. 测试三端稳压器稳压性能

按图 4.21 接好电路,检查无误后作下列测试。

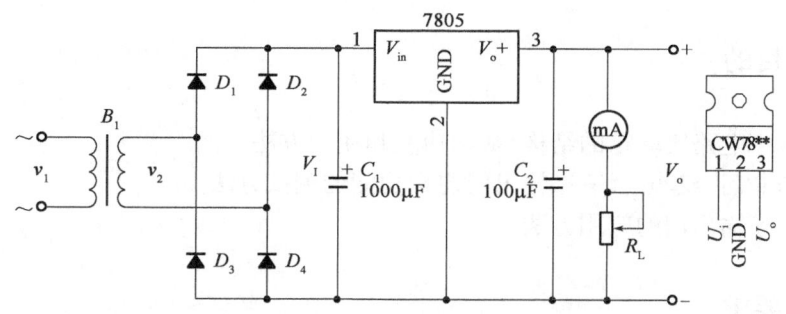

图 4.21 集成三端稳压器稳压电路

(1)输入的交流电源电压一定时,测量负载电流的变化对输出电压的影响。选择变压器副边电压 V_2 为 10V,测量当负载 R_L 分别为 51Ω、100Ω、33Ω 时的输出电压 V_o 以及相应的负载电流 I_L。将数据记入表 4.12 中,并与串联型稳压电路比较。

表 4.12 集成三端稳压器稳压电路实验数据记录表

V_2, V	$R_L = 100\Omega$	$R_L = 51\Omega$	$R_L = 33\Omega$	实测 R_o
10V	$V_o =$	$V_o =$	$V_o =$	
	$I_L =$	$I_L =$	$I_L =$	

(2)负载一定时,测量电网电压变化 ±10% 时,对输出电压影响。用直流稳压电源电压的改变模拟电网电压的改变,分别测量当 $V_I = 9V、10V、11V$ 时 V_o 的值,数据填入表 4.13 中并与串联稳压电路进行比较。

表 4.13 集成三端稳压器稳压电路实验数据记录表($R_L = 51\Omega$)

输出＼输入	V_I, V			实测 S_D
	9	10	11	
V_o, V				

4.3.6 实验报告要求

(1)记录实验观测数据,画出波形。
(2)比较表 4.9 中所描绘的直流电源各个环节的输出波形,讨论其各个环节的特点。
(3)三端稳压器稳压与简单串联型稳压电路稳压,比较二者的不同及优缺点。

4.3.7 思考题

(1)三端稳压器的输入、输出端接的电容有何作用？
(2)实际应用时,常在变压器副边接入熔断器 FU,起什么作用？可否接在变压器的原边？为什么？

4.4 实验十 集成逻辑门电路的逻辑功能测试

4.4.1 实验目的

(1)熟悉数字电路实验箱的结构、基本功能和使用方法。
(2)掌握与非门、或非门、三态输出门逻辑功能的测试方法。
(3)掌握三态输出门的应用方法。

4.4.2 预习要求

(1)复习教材中关于与非门、或非门、三态输出门的内容。
(2)熟悉各测试电路,了解测试原理及测试方法。

4.4.3 实验设备

实验设备是数字电路实验箱。

4.4.4 实验原理

集成逻辑门是数字电路中应用十分广泛的最基本的一类器件,为了合理使用和充分利用其功能,必须了解它的逻辑功能,并能进行测试。本实验采用 TTL 中速 2 输入 4 与非门 74LS00、2 输入 4 或非门 MC14001、三态输出门 74LS125 进行测试。74LS00 与非门的引脚排列如图 4.22 所示。图 4.23 是 MC14001 的引脚排列图,图 4.24 是 74LS125 的引脚排列图。

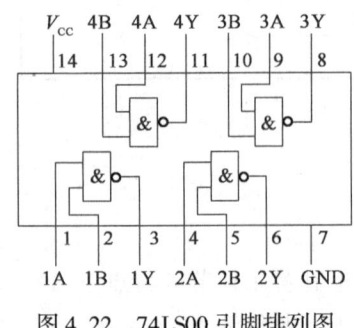

图 4.22　74LS00 引脚排列图

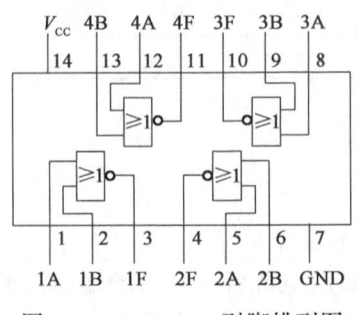

图 4.23　MC14001 引脚排列图

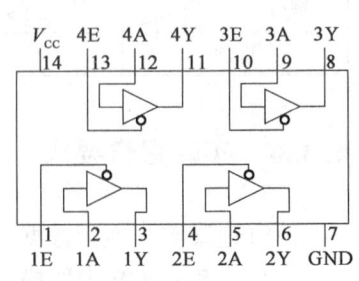

图 4.24　74LS125 引脚排列图

1. 与非门、或非门逻辑功能

(1)与非门逻辑功能:当所有输入端均为高电平时,输出为低电平;一个或一个以上输入为低电平时,输出为高电平。

(2)或非门逻辑功能:当所有输入端为低电平时,输出为高电平;一个或一个以上的输入端为高电平时,输出为低电平。

2. 三态输出门

数字系统中有时需要把两个或两个以上集成逻辑门的输出端直接并接在一起完成一定的逻辑功能。对于普通的 TTL 门电路,由于输出级采用了推拉式输出电路,无论输出是高电平还是低电平,输出阻抗都很低。因此,通常不允许将它们的输出端并联在一起使用。

三态输出(TSL)门是一种特殊的门电路,它允许把输出端直接并联在一起使用。它与普通的门电路结构不同,它的输出端除了通常的高电平、低电平两种状态外(这两种状态均为低阻状态),还有第三种输出状态——高阻状态。处于高阻状态时,电路与负载之间相当于开路。本实验所用三态门的型号是 74LS125 三态输出四总线缓冲器,图 4.24 是它的引脚排列图,E 是控制端又称为使能端,当 E 为 0 时,实现 Y = A 的逻辑功能;E = 1 为禁止状态,输出 Y 呈现高阻状态。这种在控制端加低电平时电路才能正常工作的工作方式称为低电平使能。

三态门电路主要用途之一是实现总线传输,即用一个传输通道(称总线),以选通方式传送多路信息。实现总线传输时绝对不允许同时有两个或两个以上三态门的控制端处于使能态。

4.4.5 实验内容

1. TTL 与非门逻辑功能测试

将 TTL 与非门 74LS00 插入数电实验箱,将 74LS00 中的一个与非门输入端 A、B 分别接至两个逻辑开关,输出端 F 接到发光二极管,按表 4.14 所列的输入变量取值组合,测试并记录对应的输出状态。

2. CMOS 或非门逻辑功能测试

将 MC14001 插入实验箱,输入端 A 和 B 分别接逻辑开关,输出端 F 接发光二极管,按表 4.15 中所给出的输入状态,测试其输出对应的逻辑值,将结果记录在表 4.15 中。

表 4.14 与非门逻辑功能测试

输	入	输 出
A	B	F
1	1	
0	1	
1	0	
0	0	

表 4.15　或非门逻辑功能测试

输 入		输　　出
A	B	F
0	0	
0	1	
1	0	
1	1	

3. 利用与非门控制输出

用一片 74LS00 按图 4.25 接线,S 接任一电平开关,用示波器观察 S 对输出脉冲的控制作用,并分析实验结果。

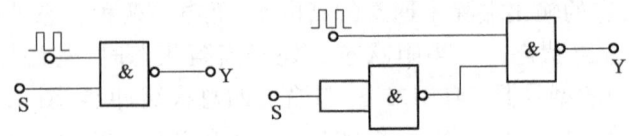

图 4.25　门电路的控制

4. 用与非门组成其他门电路并进行测试验证

用"与非"门实现"与"门、"或"门。

画出用"与非"门组成的"与"门、"或"门两种逻辑电路,并按图接线,然后按表 4.16 测试逻辑功能。

表 4.16　与非门应用测试

"与"门			"或"门		
A	B	F	A	B	F
0	0		0	0	
0	1		0	1	
1	0		1	0	
1	1		1	1	

5. 三态输出门

(1)测试 74LS125 三态输出门的逻辑功能。将 74LS125 插入实验箱,如图 4.24 所示,三态门输入端 A 和控制端 E 接逻辑开关,输出接三态逻辑笔,按表 4.17 的要求进行测试,并记录实验结果。

表 4.17　三态门逻辑功能的测试

E(控制)	A(输入)	Y(输出)
0	0	
0	1	

续表

E(控制)	A(输入)	Y(输出)
1	0	
1	1	

(2)三态输出门的应用。按图4.26接线,输入端按图示加输入信号,控制端接逻辑开关,输出端接发光二极管,先使四个三态门的控制端均为高电平"1",即处于禁止状态,方可接通电源,然后轮流使其中一个门的控制端接低电平"0",观察总线的逻辑状态。注意,应先使工作的三态门转换到禁止状态,再让另一个门开始传输数据。将实验结果记入表4.18中,并对实验结果进行分析。

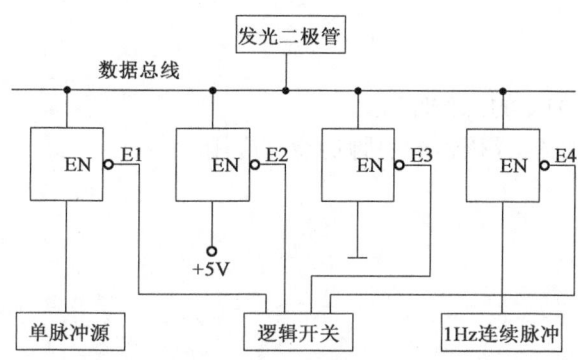

图4.26 用74LS125实现总线传输实验电路

表4.18 三态门总线传输实验记录表

输入信号	使 能 端				输 出
	E1	E2	E3	E4	
单脉冲 高电平 低电平 连续脉冲	1	1	1	1	
	0	1	1	1	
	1	0	1	1	
	1	1	0	1	
	1	1	1	0	

4.4.6 实验报告要求

整理实验数据,列出实验结果。

4.4.7 思考题

(1)TTL和CMOS器件各自的优缺点是什么?各自在什么场合最合适?
(2)与非门、或非门的输出端能否并联使用?输出端并联会产生什么后果?
(3)三态门的输出在什么条件下可以并联?

4.5 实验十一 组合逻辑电路的功能测试

4.5.1 实验目的

（1）熟悉组合逻辑电路的特点和一般分析方法。
（2）验证半加器或全加器的逻辑功能。
（3）了解集成全加器、译码器的功能及使用方法。

4.5.2 预习要求

（1）复习半加器、全加器的工作原理。
（2）了解中规模全加器、译码器的引脚功能与应用。

4.5.3 实验设备

数字电路实验箱。

4.5.4 实验原理

（1）半加器是两个二进制数相加运算的逻辑电路，可由"异或"门和"与非"门组成，如图 4.27 所示。

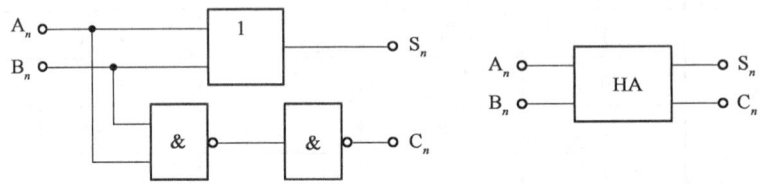

图 4.27 半加器逻辑电路图

（2）全加器是两个加数及一个低位进位数三者相加的运算，它是数字系统中最基本的运算单元电路，一位全加器有三个输入端——被加数 A_n、加数 B_n、低一位向本位的进位数 C_{n-1}；有两个输出端——全加和 S_n、向高位的进位 C_n。图 4.28 所示电路是由集成"异或"门和"与非"门组成的全加器。

（3）74LS283 是集成 4 位全加器，可用于数字计算机系统、数据处理系统和控制系统。图 4.29 为其引脚图。

（4）译码器。译码器是一个多输入、多输出的组合逻辑电路。它的作用是把给定的代码进行"翻译"，变成相应的状态，使输出通道中相应的一路有信号输出。图 4.30 为 3 线—8 线变量译码器 74LS138 引脚排列图，其中 A_2、A_1、A_0 为地址输入端，$Y_0 \sim Y_7$ 是译码输出端，S_1、S_2、S_3 是使能端。当 $S_1=1$，$S_2=S_3=0$ 时，器件使能，地址码指定的输出端有信号（为 0）输出，其他所有输出端均无信号（全为 1）输出。当 $S_1=0$，$S_2=S_3=X$（X 表示任意状态）时或 $S_1=X$，$S_2=$

$S_3 = 1$ 时,译码器被禁止,所有输出同时为 1。

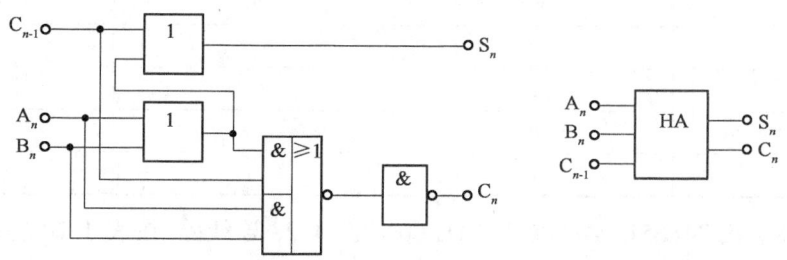

图 4.28　全加器逻辑电路图

二进制译码实际上也是负脉冲输出的脉冲分配器。若利用使能端中的一个输入端输入数据信息,器件就成为一个数据分配器,如图 4.31 所示。若在 S_1 输入端输入数据信息,$S_2 = S_3 = 0$,地址码所对应的输出是 S_1 端数据信息的反码;若从 S_2 输入端输入数据信息,令 $S_1 = 1$,$S_3 = 0$,地址码所对应的输出就是 S_2 端数据信息的原码。若数据信息是时钟脉冲,则数据分配器便成为时钟脉冲分配器。

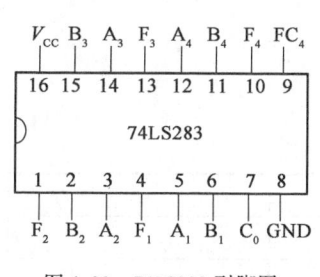

图 4.29　74LS283 引脚图

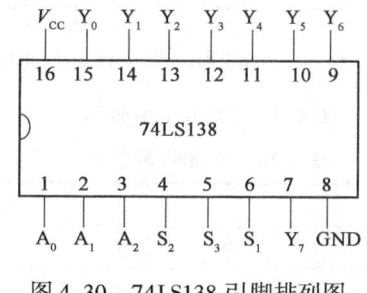

图 4.30　74LS138 引脚排列图

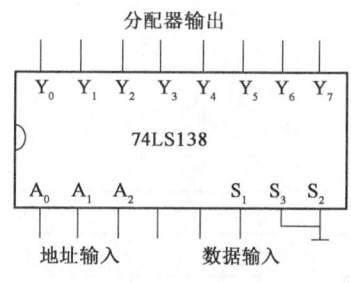

图 4.31　用 74LS138 作数据分配器

4.5.5　实验内容

1. 验证半加器或全加器

（1）半加器。使用"异或"门 74LS86 和"与非"门 74LS00 构成半加器,其引脚图如图 4.32、图 4.33 所示。按图 4.27 接线路,将输入端 A_n、B_n 分别插入两个实验逻辑开关,将 S_n、C_n 分别插入发光二极管,按表 4.19 验证半加器真值表。

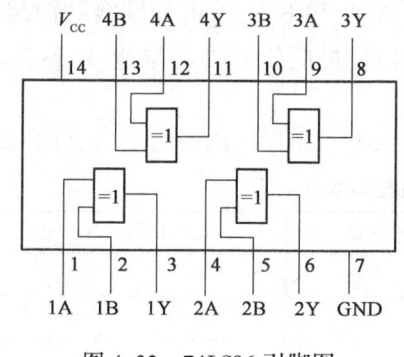

图 4.32　74LS86 引脚图

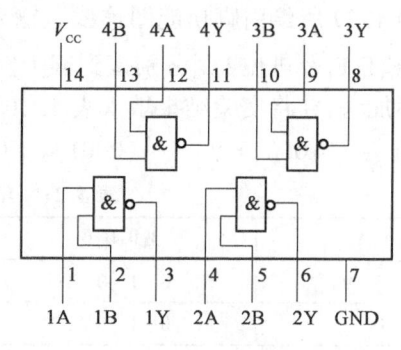

图 4.33　74LS00 引脚图

表 4.19 半加器真值表

A_n	B_n	S_n	C_n
0	0		
0	1		
1	0		
1	1		

(2)全加器。用 74LS51、74LS86 和 74LS00 按图 4.28 连线路,按表 4.20 验证全加器真值表。图 4.34 为 74LS51 的引脚图。

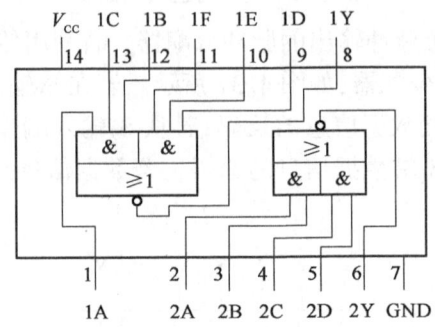

图 4.34 74LS51 引脚图

表 4.20 全加器真值表

A_n	B_n	C_{n-1}	S_n	C_n
0	0	0		
0	0	1		
0	1	0		
0	1	1		
1	0	0		
1	0	1		
1	1	0		
1	1	1		

2. 中规模集成全加器

根据图 4.29 所给引脚功能图连线。输入 $A_4A_3A_2A_1$ 和 $B_4B_3B_2B_1$ 分别接到两组逻辑开关中,输出 $F_4F_3F_2F_1$ 及进位 FC_4 分别接到五个发光二极管,最低位进位 C_0 接地,检查无误后,进行如下二进制加法,并将实验结果填入表 4.21 中。

$(0010)_2 + (0101)_2 = ?$ $(0001)_2 + (0101)_2 = ?$ $(1010)_2 + (1011)_2 = ?$

表 4.21 集成全加器测试表

$A_4A_3A_2A_1$	$B_4B_3B_2B_1$	FC_4	$F_4F_3F_2F_1$	十进制
0 0 1 0	0 1 0 1			
0 0 0 1	0 1 0 1			
1 0 1 0	1 0 1 1			

3. 74LS138 译码器的逻辑功能

(1)测试 74LS138 的逻辑功能。将译码器 74LS138 的使能端 S_1、S_2、S_3 及地址端 A_2、A_1、A_0 分别接至逻辑电平开关,八个输出端 $Y_7 \sim Y_0$ 依次连接在发光二极管上,拨动逻辑电平开关,按表 4.22 逐项测试 74LS138 的逻辑功能。表中" × "表示任意状态。

表 4.22 测试 74LS138 的逻辑功能

输 入					输 出							
S_1	S_2+S_3	A_2	A_1	A_0	Y_0	Y_1	Y_2	Y_3	Y_4	Y_5	Y_6	Y_7
1	0	0	0	0								
1	0	0	0	1								
1	0	0	1	0								
1	0	0	1	1								
1	0	1	0	0								
1	0	1	0	1								
1	0	1	1	0								
1	0	1	1	1								
0	×	×	×	×								
×	1	×	×	×								

(2)用 74LS138 构成时序脉冲分配器。时钟脉冲 CP 接连续脉冲,参照图 4.31 和实验原理说明。

①当 CP 从 S_1 输入时,画出分配器的实验电路,用示波器观察在地址端 $A_2A_1A_0$ 分别取 000 ~ 111 八种不同状态时 $Y_0 \sim Y_7$ 端的输出波形。注意输出波形与 CP 输入波形之间的相位关系。

②当 CP 从 S_2 输入时,重复实验①的内容。

4.5.6 实验报告要求

(1)整理实验结果,并进行分析,说明组合电路的特点和分析、设计方法。

(2)记录在实验中遇到的故障问题以及解决办法。

4.5.7 思考题

(1)全加器除了做运算电路以外,用全加器和门电路还可以组成码制变换译码器。例如,BCD 码—余三码的转换,试考虑如何用四位全加器 74LS283 实现。

(2)试用异或门设计一个判断 4 位数码中含 1 的位数是奇数还是偶数的奇偶位判断电路。

(3)试用与非门和异或门设计公共场所的一盏电灯受多处开关控制的逻辑电路。

4.6 实验十二　基本触发器逻辑功能测试

4.6.1　实验目的

(1)掌握基本 RS 触发器、集成 D 触发器、JK 触发器的逻辑功能。
(2)掌握基本 RS 触发器、集成 D 触发器、JK 触发器的测试方法。

4.6.2　预习要求

(1)复习基本 RS 触发器、集成 D 触发器、JK 触发器的逻辑功能。
(2)熟悉有关器件的引脚排列及功能。

4.6.3　实验设备

信号发生器、示波器、数字电路实验箱。

4.6.4　实验原理

一般的触发器具有两个稳定状态,用以表示逻辑状态"1"和"0",在一定的外加信号作用下,可以从一个稳定状态转变为另一个稳定状态,它是一个具有记忆功能的二进制信息存储器件,是构成各种时序电路的最基本逻辑单元。按逻辑功能的不同特点,触发器可分为基本 RS 触发器、D 触发器、JK 触发器和 T 触发器。

1. 基本 RS 触发器

基本 RS 触发器可由两个与非门交叉耦合组成,逻辑电路如图 4.35 所示,其特性方程为

$$Q^{n+1} = S + \overline{R}Q^n, \overline{S} + \overline{R} = 1(约束条件) \tag{4.11}$$

2. D 触发器

在数字计算机和其他数字系统中,经常需要利用触发器的存储功能实现数据的存储,这就要求触发器只有一输入线,且输出状态与输入状态一致,基于这种考虑设计制造出了 D 触发器,D 触发器的特性方程为

$$Q^{n+1} = D \quad \text{CP 上升沿有效} \tag{4.12}$$

触发器的状态只取决于时钟到来时 D 端的状态。D 触发器的应用很广,可用作数字信号的寄存、移位寄存、分频和波形发生等。本实验中采用上升沿触发的双 D 触发器,其引脚排列如图 4.37 所示。

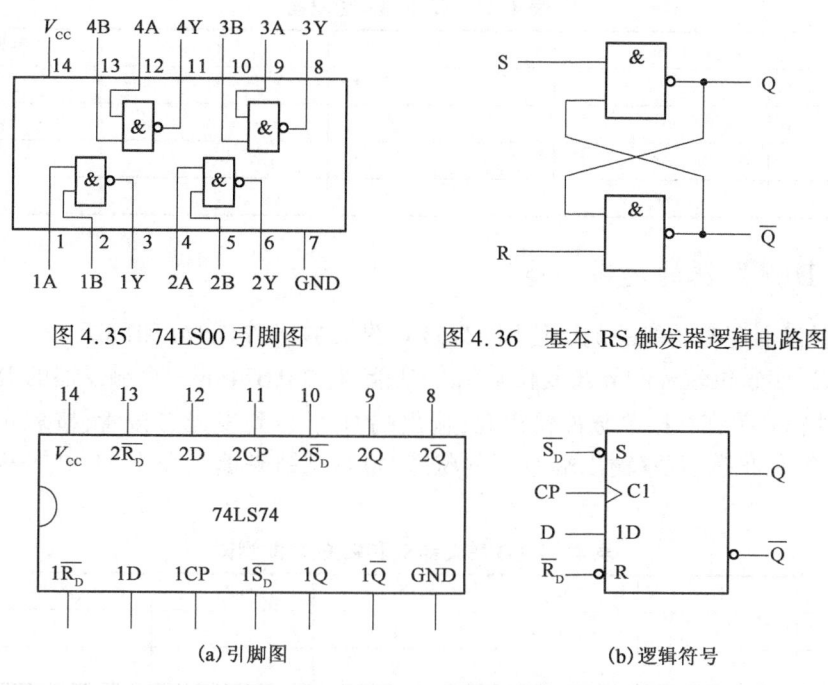

图 4.35　74LS00 引脚图　　　图 4.36　基本 RS 触发器逻辑电路图

(a)引脚图　　　　　　　　　(b)逻辑符号

图 4.37　74LS74 引脚图及逻辑符号

3. JK 触发器

JK 触发器功能完备、使用灵活、通用性强，74LS112 是双 JK 触发器，图 4.38 为其引脚排列图，它分别有一个时钟脉冲输入端，具有时钟脉冲后沿触发的特点。它主要用来组成计数器，特性方程为

$$Q^{n+1} = J\overline{Q}^n + \overline{K}Q^n \qquad \text{CP 下降沿有效} \tag{4.13}$$

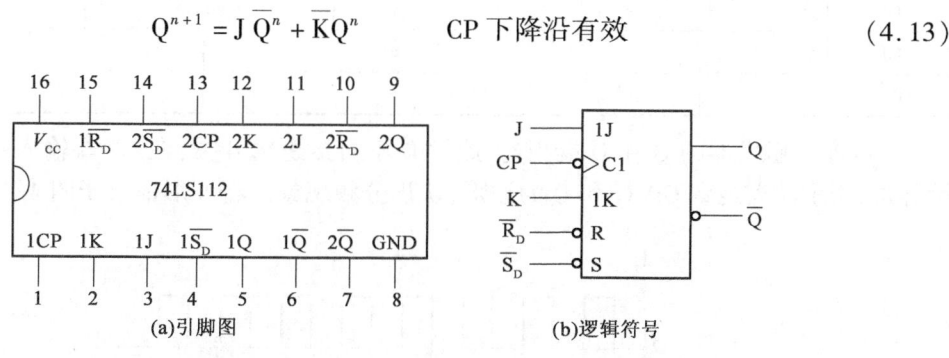

(a)引脚图　　　　　　　　　(b)逻辑符号

图 4.38　74LS112 引脚图及逻辑符号

4.6.5　实验内容

1. 验证基本 RS 触发器的逻辑功能

用一块 74LS00 与非门按图 4.36 连接线路。输入端 R、S 分别插入两个逻辑开关，输出端 Q、$\overline{Q}$ 分别插入发光二极管，按表 4.23 的要求改变输入变量 R、S 的状态，观察输出端的状态，并将结果填入表 4.23 中(注意，表格最后一行 S 和 R 尽量同时到达)。

表 4.23　基本 RS 触发器

R	S	Q	$\overline{Q}$	触发器状态
1	0			
0	1			
1	1			
0	0			

2. 验证 D 触发器的逻辑功能

集成 D 触发器逻辑功能的测试使用 74LS74，图 4.37 是 74LS74 引脚图。

（1）测试异步置位端 $\overline{S_D}$ 和异步复位端 $\overline{R_D}$ 的功能：将 74LS74 的一个触发器的 D、$\overline{S_D}$、$\overline{R_D}$ 端分别插入三个逻辑开关，CP 接单脉冲输出孔，输出端 Q、$\overline{Q}$ 接到发光二极管，按表 4.24 要求，改变 $\overline{S_D}$、$\overline{R_D}$、D、CP 的状态，观察输出端 Q^{n+1} 的状态，将测试结果填入表 4.24 中。表中"×"表示任意状态。

表 4.24　D 触发器 $\overline{S_D}$ 和 $\overline{R_D}$ 的功能测试

CP	D	$\overline{R_D}$	$\overline{S_D}$	Q^n	$\overline{Q}^n$	Q^{n+1}
×	×	0	1			
×	×	1	0			

（2）按表 4.25 测试 D 触发器的逻辑功能。首先用 $\overline{S_D}$ 或 $\overline{R_D}$ 端对 D 触发器进行异步置位或复位，完成后使 $\overline{S_D}$、$\overline{R_D}$ 接高电平。CP 端加单次脉冲，观察时钟 CP 作用前后，记录触发器 Q^{n+1} 输出状态。

表 4.25　D 触发器逻辑功能测试

D	0	0	0	0	1	1	1	1
Q^n	0	0	1	1	0	0	1	1
CP	↑	↓	↑	↓	↑	↓	↑	↓
Q^{n+1}								

（3）将 D 触发器的 $\overline{Q}$ 和 D 端相连，此时 D 不再接逻辑开关，在 CP 端输入频率为 1kHz 连续脉冲，用示波器观察 CP、Q 和 $\overline{Q}$ 的波形，认识分频现象。将波形描绘于图 4.39 中。

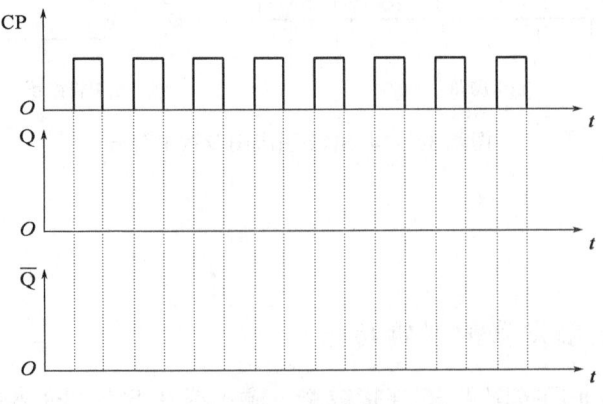

图 4.39　D 触发器接连续脉冲波形图

3. 验证 JK 触发器的逻辑功能

JK 触发器逻辑功能测试使用 74LS112 集成块，图 4.38 为其引脚图。

（1）测试 JK 触发器的逻辑功能。首先用 $\overline{S}_D$ 或 $\overline{R}_D$ 端对 JK 触发器进行异步置位或复位，完成后使 $\overline{S}_D$、$\overline{R}_D$ 接高电平。J、K 分别接逻辑开关，CP 仍接单次脉冲，按表 4.26 要求，测试逻辑功能，并在表中记录结果。

表 4.26 JK 触发器逻辑功能测试

J	0	0	0	0	1	1	1	1
K	0	0	1	1	0	0	1	1
CP	↑	↓	↑	↓	↑	↓	↑	↓
Q^n	0　1	0　1	0　1	0　1	0　1	0　1	0　1	0　1
Q^{n+1}								

（2）J、K 端相连并输入高电平，CP 接频率为 1kHz 连续脉冲，用示波器观察 CP 端、Q 端及 $\overline{Q}$ 端的波形，将波形记录于图 4.40 中。

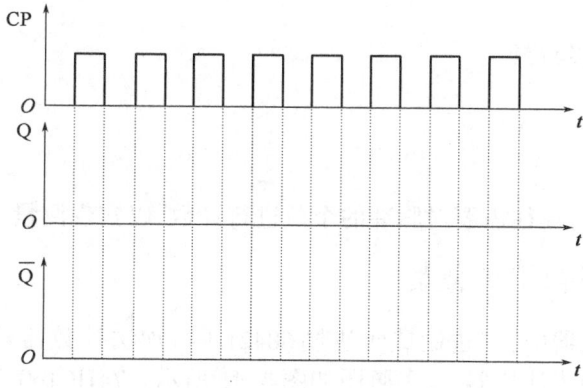

图 4.40 JK 触发器接连续脉冲波形图

4.6.6 实验报告要求

（1）简述输出状态"不变"和"不定"的含义。
（2）总结 $\overline{S}_D$、$\overline{R}_D$ 及各输入端的作用。
（3）整理实验所测结果，总结各触发器的特点。

4.6.7 思考题

（1）用与非门构成的基本 R—S 触发器的约束条件是什么？如果改用或非门构成基本 R—S 触发器，其约束条件是什么？
（2）若 D 触发器的 D 端信号在 CP 脉冲前沿到达后立即撤出，对输出信号有无影响？

4.7 实验十三 计数器的使用

4.7.1 实验目的

(1)熟悉中规模数字集成电路的引脚排列及使用方法。
(2)了解译码器、显示数码管的功能及使用方法。

4.7.2 预习要求

(1)复习中规模集成计数器的工作原理。
(2)了解集成译码器、半导体数码管的引脚及使用方法。

4.7.3 实验设备

示波器、数字电路实验箱。

4.7.4 实验原理

在各种数字系统中,往往需要对脉冲的个数进行计数,以实现测量、运算与控制等功能。

1. 中规模集成计数器的使用

在中规模集成计数器中,二进制或十进制(8421码)加法计数器较为常见。如74HC160是比较典型的中规模同步计数器,其引脚图如图4.41所示。74HC160为可实现二—十分频功能的同步十进制计数器,采用8421BCD码计数,为单时钟脉冲输入。74HC160除了计数功能外,还有预置数、保持、异步置零等功能。表4.27为74HC160的功能表,表中"×"表示任意状态。

表4.27 74HC160的功能表

输入					输出
CP	$\overline{LD}$	$\overline{R_D}$	EP	ET	Q
×	×	L	×	×	全"L"
↑	L	H	×	×	预置数
↑	H	H	H	H	计数
×	H	H	L	×	保持
×	H	H	×	L	保持

2. 译码器的功能及其应用

为了将二—十进制计数器的状态直观地由数码显示器显示出来,就需要显示译码器,它能把"8421"码译成用显示器显示的十进制数。

图 4.42 为显示译码器 74LS48(或 74LS248)的引脚图。图 4.43 为共阴极数码管 LTS547RF 引脚功能图。用 74LS48 把输入的 8421BCD 码 ABCD 译成七段输出 a~g,再由七段数码管显示相应的十进制数。在图 4.43 中,引脚$\overline{LT}$,$\overline{RBI}$,$\overline{BI/RBO}$ 是在低电平时起作用,作用分别为:

$\overline{LT}$为灯测检查,用$\overline{LT}$可检查七段显示器各字段是否能正常被点亮。

$\overline{RBI}$是灭零输入,可以按照需要将显示的零予以熄灭。

$\overline{BI/RBO}$是共用输出端,$\overline{BI}$是灭灯输入,$\overline{RBO}$是灭零输出端,可配合灭零输入端$\overline{RBI}$,在多位十进制数显示时,把多余零位熄灭掉,以提高视读的清晰度。

七段发光二极管显示器可直接显示出译码器输出的十进制数,它分为共阳和共阴两种。七段发光二极管显示器 LTS547RF 又称为共阴七段数码管,其引脚功能如图 4.43 所示为共阴极形式,阴极 G 需接地。74LS48(74LS248)型七段字形显示译码驱动器的真值见表 4.28,表中"×"表示任意状态。

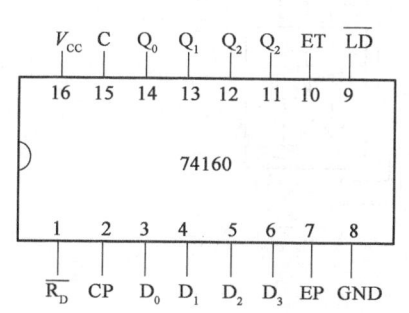

图 4.41 74HC160 的引脚图

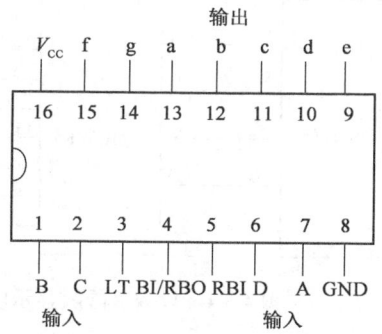

图 4.42 74LS48 管脚图

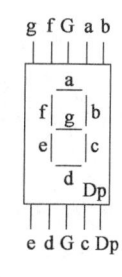

图 4.43 LTS547RF 管脚图

表 4.28 74LS48(74LS248)型七段字形显示译码驱动器的真值表

十进制或功能	输入						共用 BI/RBO	输出						字形
	D	C	B	A	RBI	LT		a	b	c	d	e	f	g	
0	0	0	0	0	1	1	1	1	1	1	1	1	1	0	0
1	0	0	0	1	×	1	1	0	1	1	0	0	0	0	1
2	0	0	1	0	×	1	1	1	1	0	1	1	0	1	2
3	0	0	1	1	×	1	1	1	1	1	1	0	0	1	3
4	0	1	0	0	×	1	1	0	1	1	0	0	1	1	4
5	0	1	0	1	×	1	1	1	0	1	1	0	1	1	5
6	0	1	1	0	×	1	1	0	0	1	1	1	1	1	6
7	0	1	1	1	×	1	1	1	1	1	0	0	0	0	7
8	1	0	0	0	×	1	1	1	1	1	1	1	1	1	8
9	1	0	0	1	×	1	1	1	1	1	0	0	1	1	9
10	1	0	1	0	×	1	1	0	0	0	1	1	0	1	
11	1	0	1	1	×	1	1	0	0	1	1	0	0	1	
12	1	1	0	0	×	1	1	0	1	0	0	0	1	1	
13	1	1	0	1	×	1	1	1	0	0	1	0	1	1	
14	1	1	1	0	×	1	1	0	0	0	1	1	1	1	
15	1	1	1	1	×	1	1	0	0	0	0	0	0	0	暗

续表

十进制或功能	输入						共用 BI/RBO	输出							字形
	D	C	B	A	RBI	LT		a	b	c	d	e	f	g	
BI 灭灯	×	×	×	×	×	×	0	0	0	0	0	0	0	0	暗
RBI 灭零	0	0	0	0	0	1	1	0	0	0	0	0	0	0	暗
LT 灯测	×	×	×	×	×	0	1	1	1	1	1	1	1	1	日

4.7.5 实验内容

（1）按图 4.44 接线，将 A、B、C、D、R_D、E_P、E_T、L_D 分别插入八个逻辑开关，计数脉冲 CP 接单次脉冲，输出端 Q_A、Q_B、Q_C、Q_D 接发光二极管显示输出状态，并将它们连接到数码管的输入端，用于显示十进制数。按表 4.29 的要求测试，将结果填入表中，表中"×"表示任意状态。

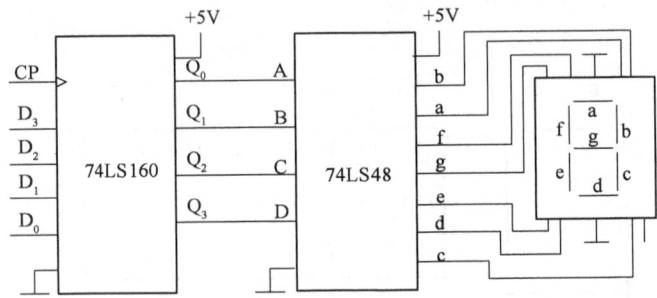

图 4.44　计数、译码、显示电路

表 4.29　测试 74HC160 的逻辑功能

计数脉冲	输入								输出				数码管显示
	$\overline{LD}$	$\overline{R_D}$	EP	ET	D_3	D_2	D_1	D_0	Q_3	Q_2	Q_1	Q_0	
×	×	0	×	×	0	1	1	0					
↑	0	1	×	×	0	1	1	0					
×	1	1	0	×	0	0	0	1					
×	1	1	×	0	0	0	0	1					
×	×	0	×	×	×	×	×	×					
1	1	1	1	1	×	×	×	×					
2	1	1	1	1	×	×	×	×					
3	1	1	1	1	×	×	×	×					
4	1	1	1	1	×	×	×	×					
5	1	1	1	1	×	×	×	×					
6	1	1	1	1	×	×	×	×					
7	1	1	1	1	×	×	×	×					
8	1	1	1	1	×	×	×	×					
9	1	1	1	1	×	×	×	×					

（2）在计数器输入端输入 $f=1\text{Hz}$ 的连续脉冲，观察数码管的显示情况。计数脉冲 CP 接连续脉冲，用示波器观察 $Q_A \sim Q_D$ 的波形，了解计数器的分频功能，将波形记录在图 4.45 中。

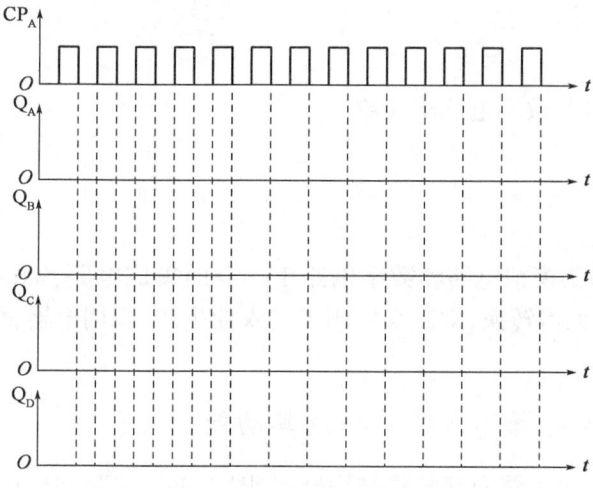

图 4.45　十进制计数器的波形图

4.7.6　实验报告要求

（1）画出实验中的电路图和波形图。
（2）整理实验数据。

4.7.7　思考题

（1）试说明同步计数器与异步计数器的区别。
（2）试用中规模十进制计数器 74HC160 实现其他进制的计数器。

4.8　实验十四　555 定时器的使用

4.8.1　实验目的

（1）熟悉 555 集成定时器的组成及工作原理。
（2）掌握用 555 定时器构成单稳态电路、多谐振荡器、施密特触发器的原理和方法。
（3）了解定时器 555 的实际应用。

4.8.2　预习要求

（1）复习教材中有关 555 定时器的内部组成结构和工作原理。

(2) 了解 555 定时器各引脚及其功能。

(3) 复习教材中有关单稳态电路、多谐振荡器、施密特触发器的内容。

4.8.3 实验设备

信号发生器、示波器、数字电路实验箱。

4.8.4 实验原理

555 定时器是一种集模拟电路和数字电路于一身的集成电路，能以简单的方式与数字集成电路直接相连，中间无需转换，被广泛应用于工农业生产、家用电器、科研、仪表、儿童玩具以及安全防护等方面。

1. 双极型 555 定时器的电路结构及其功能

图 4.46(a) 是 555 定时器内部电路结构框图，图 4.46(b) 为 555 定时器外引脚图。555 定时器的内部电路可分为 5 个部分，它们分别是：由 3 个电阻组成的分压器、两个电压比较器 C_1 与 C_2、一个基本 RS 触发器、一个放电三极管 T、一个反相器 G。

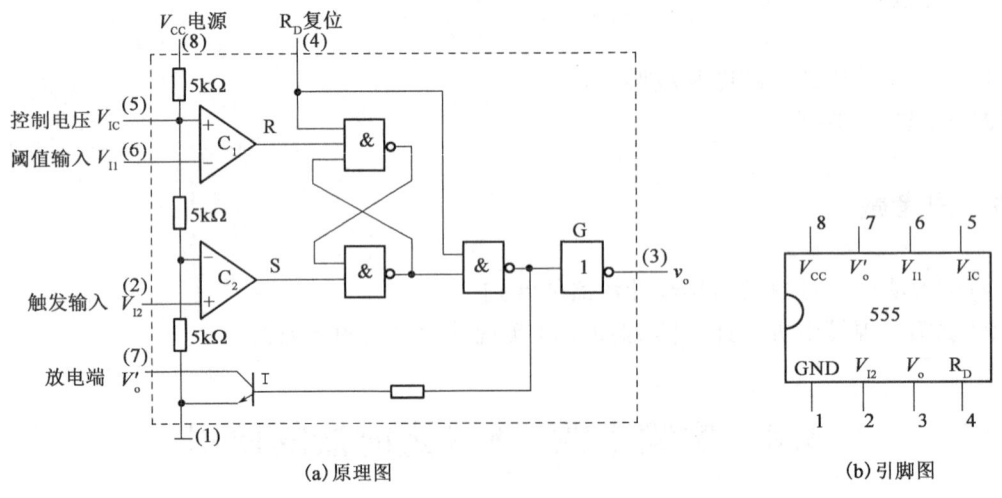

图 4.46　555 定时器原理图和引脚图

各引脚功能如下：

引脚 6(V_{I1}) 为阈值输入端，由此输入触发脉冲时，为高电平触发，在引脚 5 不外加电压的情况下，当 V_{I1} 端输入电压低于 $\frac{2}{3}V_{CC}$ 时，比较器 C_1 输出 1；当 V_{I1} 端输入电压高于 $\frac{2}{3}V_{CC}$ 时，比较器 C_1 输出 0，使 RS 触发器置 0，则此时 555 定时器输出也为 0。

引脚 2(V_{I2}) 为触发输入端，由此输入触发脉冲时，为低电平触发，在引脚 5 不加电压的情况下，当输入电压高于 $\frac{1}{3}V_{CC}$ 时，比较器 C_2 输出 1；当输入电压低于 $\frac{1}{3}V_{CC}$ 时，比较器 C_2 输出 0，使 RS 触发器置 1，此时 555 定时器输出也为 1。

引脚 3(V_o)为输出端,输出电流一般为 50mA,最大可达 200mA,可直接驱动小型继电器、发光二极管、指示灯、扬声器等。输出高电压约低于电源电压 1~3V。

引脚 4(R_D)为直接复位端,低电平有效,通常情况下,应为高电平。

引脚 5(V_{IC})为电压控制端,若在该端外加一个电压,就可改变比较器的参考电压,高、低触发端的触发电压也随之改变。此端不用时,一般经 0.01pF 的电容接地,以提高比较器参考电压 U_{R1} 和 U_{R2} 的稳定性。

引脚 7(V'_o)为放电端,当 555 定时器输出为 1,即 RS 触发器的输出 $Q=1,\overline{Q}=0$ 时,三极管 T 截止;定时器输出为 0,即 $Q=0,\overline{Q}=1$ 时,三极管 T 导通,外接电容即可通过三极管 T 放电。

引脚 8 为电源端。

引脚 1 为接地端。

2. 555 定时器的典型应用电路

(1)由 555 定时器构成多谐振荡器。如图 4.47(a)所示,由 555 定时器和外接元件 R_1、R_2、C_1 组成多谐振荡器,电容 C_1 上的电压 v_C 及输出电压 v_o 的波形如图 4.47(b)所示。多谐振荡器产生的脉冲波形的周期由下式决定:

$$T = T_{W1} + T_{W2} \approx 0.7(R_1 + 2R_2)C \tag{4.14}$$

$$f = \frac{1}{T} \approx \frac{1.44}{(R_1 + 2R_2)C} \tag{4.15}$$

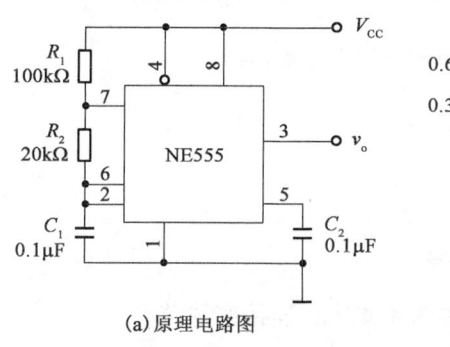 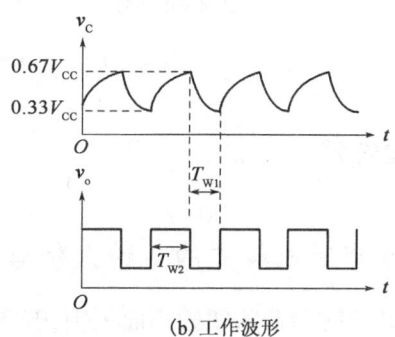

图 4.47 555 定时器构成多谐振荡器

(2)用 555 定时器构成单稳态触发器,如图 4.48(a)所示,由 555 定时器、外接电阻 R 和电容 C 组成。R 和 C 值可根据脉宽 T_W 值选择,然后在实验中调整。输出 v_o 为矩形波脉冲,矩形波脉冲宽度为 $T_W \approx 1.1RC$。

(3)555 定时器构成施密特触发器。电路如图 4.49(a)所示,将脚 2、6 连在一起作为信号输入端,即得到施密特触发器。施密特触发器是双稳态电路的一种。通过不同的触发电平使输出端发生翻转。

假设被整形变换的电压为正弦波 v_S,其正半波通过二极管 D 同时加到 555 定时器的 2 脚和 6 脚,得 v_i 为半波整流波形。v_S、v_i、v_o 的波形如图 4.49(b)所示。

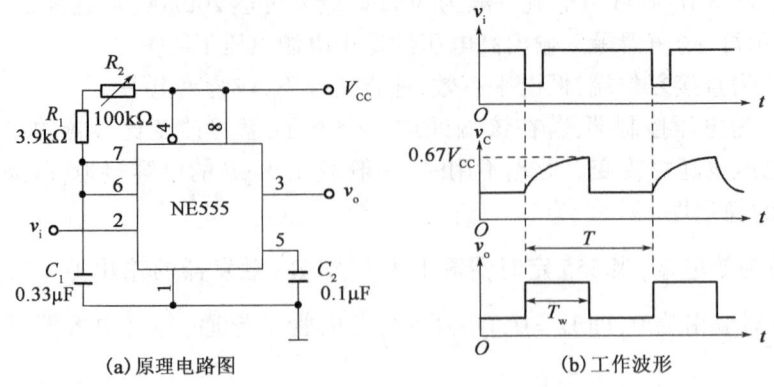

图 4.48 555 定时器构成的单稳态触发器

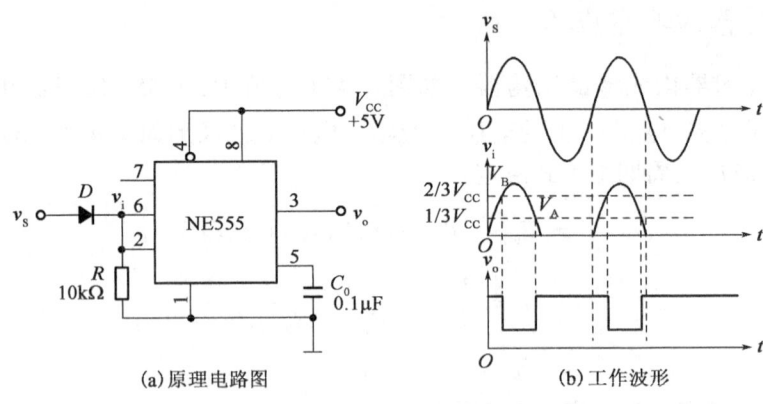

图 4.49 555 构成的施密特触发器

4.8.5 实验内容

1. 由 555 定时器构成的多谐振荡器

(1) 将 555 定时器插入实验箱面板中,按图 4.47(a)连接好线路。
(2) 检查无误后,接通 5V 电源,开始实验。
(3) 用示波器观察输出端电压 v_o 和电容器上电压 v_C 的波形与图 4.47(b)是否一致。
(4) 根据表 4.30 改变电阻 R_1、R_2 电容 C,分别测试输出信号的频率和占空比,并与理论值对比。在图 4.50 中画出观察到的波形。

表 4.30 555 功能测试

参数			测量值		理论值	
R_1,kΩ	R_2,kΩ	C,μF	频率 f	占空比 q	频率 f	占空比 q
100	20	0.1				
51	20	0.1				
100	20	0.047				

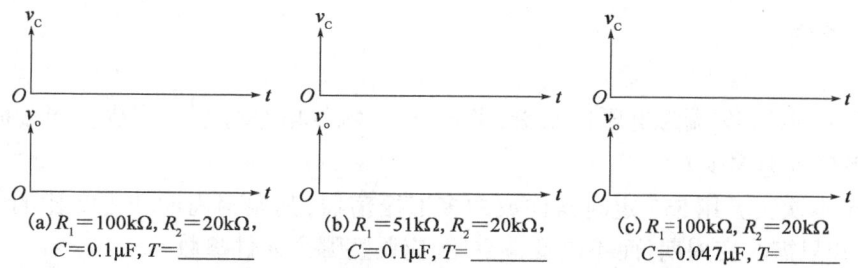

(a) $R_1=100\text{k}\Omega$, $R_2=20\text{k}\Omega$, $C=0.1\mu\text{F}$, $T=$_____

(b) $R_1=51\text{k}\Omega$, $R_2=20\text{k}\Omega$, $C=0.1\mu\text{F}$, $T=$_____

(c) $R_1=100\text{k}\Omega$, $R_2=20\text{k}\Omega$, $C=0.047\mu\text{F}$, $T=$_____

图 4.50　555 定时器构成的多谐振荡器波形图

2. 由 555 定时器构成的单稳态触发器

(1) 将 555 定时器插入实验箱面板中，按图 4.48(a) 连好线路。

(2) 在图 4.50(c) 的情况下，即 $R_1=100\text{k}\Omega$，$R_2=20\text{k}\Omega$，$C=0.047\mu\text{F}$ 时，所产生的多谐振荡波形作为单稳态触发器的输入信号 v_i。

(3) 用示波器观察输出 v_o 与单稳电路输入 v_i 的波形及时间对应关系。从大到小调节 R，观察 v_o 和电容上的电压 v_C 的情况，在图 4.51 中画出所观察到的波形，注意在图上标明输出信号的脉宽、幅度、周期。

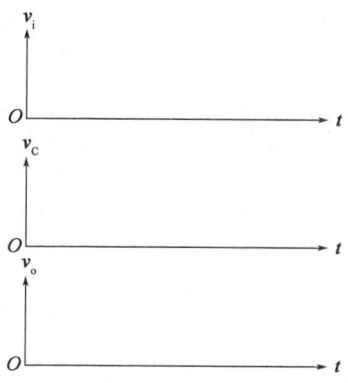

图 4.51　555 定时器构成的单稳态触发器波形图　　图 4.52　555 定时器构成的施密特触发器波形图

3. 由 555 定时器构成的施密特触发器

按图 4.49(a) 接线，输入正弦波信号 v_S 由信号发生器提供，频率为 1kHz，接通电源，逐渐加大 v_S 的幅度，观察输出波形，在图 4.52 中画出所观察到的波形，注意在图上标明上下限触发电平及幅度、周期。

4.8.6　实验报告要求

(1) 整理实验数据，画出实验内容中所要求画的波形。

(2) 用示波器同时测量输入、输出波形，画出波形图时应标明参数，并与理论值相比较。

(3) 根据实验结果分析各个电路的工作原理。

(4) 总结各个测试结果的结论，分析并总结实验中易发生的错误。

4.8.7 思考题

(1) 555定时器,V_{IC}端为电压控制端,当悬空时,触发电平分别为多少?当接固定电平v_C时,触发电平分别为多少?

(2) 对于本次实验用555定时器构成的多谐振荡器,其振荡周期和占空比的改变与哪些因素有关?若只需改变周期,而不改变占空比,应调整哪个元件参数?

(3) 在观察施密特触发器的实验中,为什么输入正弦信号v_S的幅度过小,无波形输出?

第 5 章 电子电路设计性实验

5.1 电子电路基本设计方法

电子电路设计时,明确系统设计任务和功能要求是首要任务,通过对任务和功能要求的分析,一般可按如下步骤进行电子电路的设计:
(1)方案论证与总体方案设计。
(2)单元电路设计。
(3)选择元器件。
(4)总体电路图绘制。
(5)安装、调试、验证。

明确系统任务和功能要求后,查阅资料,进行方案对比和论证,确定最适用于本任务要求的方案,然后分模块设计,确定各个模块的元器件及参数,画出总体电路图并按照电路图安装,完成调试和验证,如未达到系统性能指标要求则重复上述步骤(1)~(5),直到满足系统性能指标要求。在设计过程中,设计者可根据实际情况,调整上述步骤的顺序或交叉进行。下面对上述步骤作详细的说明。

5.1.1 方案论证与总体方案设计

针对电子电路设计任务和功能要求,通过查阅资料,结合已具备知识提出可实现系统设计任务和功能要求的方案,满足要求的方案显然不止一种,对提出的各个方案对比论证,分析优缺点,选择最优方案,确定总体方案。

在设计总体方案的过程中,可采用框图的形式画出总体原理图,对各电路单元以模块形式呈现并描述其功能,各电路单元有机组合起来应能满足系统设计任务和性能指标。

5.1.2 单元电路设计

总体方案确定后,对各单元电路模块进一步设计。单元电路设计的步骤为:
(1)以设计任务和要求为依据,在总体方案原理图的基础上,针对各个单元电路要实现的功能进行详细设计,明确输入信号、输出信号及性能指标,同时需要注意单元电路之间输入信号、输出信号、控制信号之间的关系,少用或不用电平转换、信号转换之类的接口电路。

（2）设计单元电路的结构形式，最简单有效的办法是在过去学过、使用过的电路中选择一个合适的电路，并且还应该大量查阅资料，通过对比论证找到更好的电路形式。设计出的电路结构在满足性能指标要求、功能齐全的前提下，应该做到合理、结构简单。

（3）主要参数的计算。电子电路中的参数计算，首先要能满足性能指标要求，参数的值可合理选择。"模拟电子技术""数字电子技术"课程习题通常要求求解某个或者某几个参数的值，习题中会告诉部分已知参数，并且待求解参数的正确值往往只有一个。在电子电路设计时，系统的性能指标为已知参数，除此之外通常没有其他任何已知参数，系统中其他的所有参数都需要设计者选择和计算，参数的值只要能够满足系统要求即可，没有唯一的值，设计者可根据性价比、功耗等具体情况灵活选择。

（4）元器件的选择。元器件的选择贯穿电子电路设计的整个过程，在总体方案设计时要考虑选择什么元器件能满足系统设计任务和功能要求，在进行单元电路设计、计算参数时也要考虑什么元器件最适用、性价比高。元器件选择对于电子电路设计是非常重要的一个环节，下面讨论如何选择元器件。

5.1.3　选择元器件

元器件是构成各个单元电路以及整体电路的基础，提供最基础的功能，通过元器件的有机结合最终实现系统设计需求。需求指单元电路需要什么样的元器件，即选择的元器件应具有什么样的性能指标，在选择元器件时要考虑有哪些可用的元器件，如实验室元器件库存情况，它们的性能指标、体积、具体参数等，有哪些元器件可以互相替换等。选择合适的元器件前提是要尽可能多地掌握各种元器件（了解参数、性能、特点与使用条件等），平时多积累、多查阅资料。

电子电路中的主要元器件有电阻、电容、电感、分立元件和集成电路芯片等，选择时应注意以下几点。

1. 元器件选择的原则

在电子电路设计时，优先选用集成电路芯片，与分立元件集成电路芯片相比具有体积小、功耗低、工作性能好、可靠性高、安装调试方便等一系列的优点，特别是集成度比较高的芯片使系统的复杂程度大大降低并降低出错可能性，显著提高系统的可靠性，如在模拟电子电路中，有交直流放大、振荡、运算等大量的模拟信号需要处理，使用分立元件来设计会增加系统复杂程度，降低可靠性。

但集成电路芯片比分立元件好也不是绝对正确的，如某些功能简单的电路用一只三极管或二极管就能满足功能需求，选择集成电路反而会增加系统硬件开销。因此在选择分立元件和集成电路时应根据具体功能需求和实际情况，选择电路结构最简单、可靠性最好的元器件。

2. 电阻电容元件的选择

电阻电容是最常见的分立元件，也是应用最为广泛的分立元件，电阻电容类型多样，功能也不尽相同。在选择时，需要注意：

（1）根据电路性能的不同要求，选择合适的电阻电容。例如基本运算电路中的外接电阻，一般选用0.1%的金属膜电阻，不选用电感效应大的线绕电阻。又如，低频滤波回路中的电容,宜选用大容量(100~3000μF)的铝电解电容,由于其对高次谐波的滤波效果差,通常还需并联小容量(0.01~0.1μF)的瓷介电容。

(2)应优先选用通用型和标准系列的电阻电容,因为其种类多,标准完全,成本低,不能满足要求时再考虑选用非标准系列的电阻电容。选用时要注意允许误差范围与功率,注意电容器的容量与耐压值。

3. 数字集成电路的选择

数字集成电路(简称数字IC)大体上分为TTL型、CMOS型、ECL型三大类。

TTL型的主要特点:采用+5V电源供电;不同系列的产品相互兼容,选择余地大;工作速度和功耗均介于ECL型与CMOS型之间,具有较宽的工作速度范围;参数稳定,使用可靠。

COMS型的主要特点:电源电压范围宽,工作电压范围为3~18V;静态功耗极低;输入阻抗非常高;抗干扰能力强;扇出能力强。

ECL型的主要特点:带负载能力很强;工作速度快;抗干扰能力较差;功耗大。

熟练掌握各种类型数字集成电路的特点是合理选择的前提,平时应注意知识积累,选择时应查阅资料作对比分析。

4. 模拟集成电路的选择

模拟集成电路主要有电压比较器、集成稳压器、运算放大器、模拟乘法器、函数发生器、锁相环等。设计时先以总体设计方案为依据,考虑集成电路的类型,再进一步考虑主要参数和性能指标,如集成运算放大器的差模和共模输入电压范围、共模抑制比、开环带宽、开环差模电压增益、转换速率、输出失调参数等,通过对比综合考虑性能和价格等确定选用集成电路的型号。

5. 晶体三极管的选择

晶体三极管是半导体基本元器件之一,具有放大作用,是电子电路的核心元件,对电路的性能指标影响很大。选择晶体三极管需要注意以下几点:

(1)根据电路要求的功能(在模拟电子电路中一般作为放大器件,在数字电子电路中一般作为开关器件)选择合适的器件类型,如小功率管、大功率管、开关管、高频管、低频管等。

(2)根据电路放大倍数要求,选择合适的 β 值。一般情况下,放大倍数 β 越大,温度稳定性越差,一般情况下放大倍数 β 取50~100。

(3)根据电路电压电流范围确定三极管极限参数。最大集电极电流 $I_{CM} > 2I_C$;最大允许管耗 $P_{CM} > (1.5~2)P_{Cmax}$,击穿电压 $V_{(BR)CEO} < 2V_{CC}$。

(4)根据通频带要求,选择适当的特征频率 f_T。

5.1.4 总体电路图绘制

根据总体设计方案的原理框图,完成单元电路设计、主要参数计算、元器件选择后,下一步应将总体原理框图细化,绘制总体电路图,完成后一定要全面仔细审查,找出电路图中因人为错误以及考虑不全造成的错误并修改,电子电路的组装、调试以总体电路图为依据,因此绘制总体电路图一定要细心,便于组装和调试的顺利进行,减少不必要的元器件损坏、替换。

5.1.5　安装、调试、验证

完成电子电路总体方案设计、单元电路设计、参数计算和元器件选择后,根据绘制出的总体电路图,进行安装、调试以及功能验证,这一环节将理论与实践结合,是对理论知识的应用和验证。安装调试工作要求具备一定的测量技术,能熟练使用各种电子仪器和工具,还要求严谨的科学实验态度和细心、耐心的工作态度。

电子电路的安装可按照各单元电路进行,安装完成后对各单元电路进行调试、验证,然后再对总体电路调试、验证,测试电路的性能指标和功能是否满足设计任务和功能要求,如不满足则返回分析总体设计方案、分析单元电路、修改元器件和更改相关参数,直至满足性能要求为止。

5.2　实验十五　有源滤波器的设计

5.2.1　实验目的

(1)掌握有源低通、高通滤波器的工作原理和设计方法。
(2)掌握有源滤波器的调试方法。

5.2.2　预习要求

(1)复习有源低通、高通滤波器的工作原理。
(2)根据设计要求,计算确定电路参数,计算截止频率 f_0 和品质因数 Q。

5.2.3　实验原理

滤波器是一种选频电路,是一种让指定频段(有用信号频段)的信号通过,同时抑制(或大大衰减)其他频段信号的电子装置。滤波器分为有源滤波器和无源滤波器,无源滤波器由无源元件电阻、电容、电感组成,有源滤波器由集成运算放大器、电阻、电容等组成。本实验研究对象为二阶有源滤波器,根据频率范围可分为低通、高通、带通、带阻等类型,主要性能指标有通带截止频率 f_0 和品质因数 Q、通带电压放大倍数 A_{vp}。

1. 二阶有源低通滤波器

二阶有源低通滤波器电路图如图5.1所示,幅频特性如图5.2所示。二阶有源低通滤波电路选频特性基本上由RC网络决定,此电路具有同相放大功能,放大倍数可通过 R_f 和 R 调节,因为运算放大器输入端的共模电压较高,选择运算放大器时应选共模输入电压高的型号。

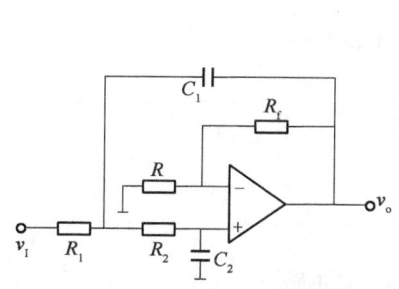 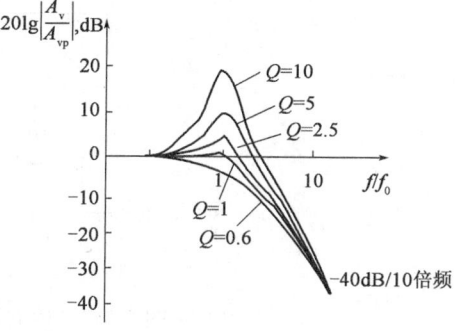

图 5.1　二阶有源低通滤波器电路图　　图 5.2　二阶有源低通滤波器幅频特性

电压放大倍数：
$$\dot{A}_v = \frac{\dot{A}_{vp}}{1-\left(\frac{f}{f_0}\right)^2 + j\frac{1}{Q}\frac{f}{f_0}} \tag{5.1}$$

式中，Q 为品质因数，其倒数称为阻尼系数 α：

$$\alpha = \frac{1}{Q} = \sqrt{\frac{R_2 C_2}{R_1 C_1}} + \sqrt{\frac{R_1 C_2}{R_2 C_1}} + \sqrt{\frac{R_1 C_1}{R_2 C_2}}(1-A_{vp}) \tag{5.2}$$

$f = f_0$ 时，有 $|\dot{A}_v| = Q|\dot{A}_{vp}|$，品质因数 Q 为电压放大倍数与通带放大倍数之比，通带电压放大倍数为

$$A_{vp} = 1 + \frac{R_f}{R} \tag{5.3}$$

特征频率：
$$f_0 = \frac{1}{2\pi\sqrt{R_1 R_2 C_1 C_2}} \tag{5.4}$$

比例常数 $K = \dfrac{C_2}{C_1}$，则有

$$R_1 = \frac{1}{K R_2 \omega_0^2 C_1^2} \tag{5.5}$$

$$R_2 = \frac{\alpha}{2K\omega_0 C_1}\left[1 + \sqrt{1 + \frac{4(A_{vp} - K - 1)}{\alpha^2}}\right] \tag{5.6}$$

式中，角频率 $\omega_0 = 2\pi f_0$，比例常数 $K \leq A_{vp} - 1 + \dfrac{\alpha^2}{4}$。

二阶有源低通滤波器性能主要由品质因数 Q 以及 f_0 决定。f_0 处，Q 的取值会影响滤波器在 f_0 处的形状。

$Q = \dfrac{\sqrt{2}}{2}$ 时，有 $|\dot{A}_v| = \dfrac{\sqrt{2}}{2}|\dot{A}_{vp}| = 0.707|\dot{A}_{vp}|$，此时的 f_0 为截止频率。

$Q > 1$ 时，f_0 处会产生凸峰，截止频率 > 特征频率，曲线以 $-40\text{dB}/10$ 倍频下降。

2. 二阶有源高通滤波器

图 5.1 中 R_1 与 C_1、R_2 与 C_2 互换位置，电路图如图 5.3 所示，为二阶有源高通滤波器。

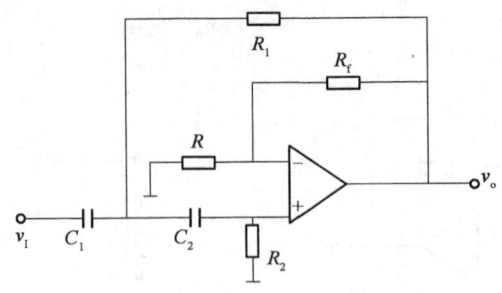

图 5.3 二阶有源高通滤波器电路图

电压放大倍数：
$$\dot{A}_v = \frac{\dot{A}_{vp}}{1 - \left(\frac{f_0}{f}\right)^2 - j\frac{1}{Q}\frac{f_0}{f}} \tag{5.7}$$

式中，Q 为品质因数。

取 C_1、C_2 相等均为 C，则有如下关系式：

通带放大倍数：
$$A_{vp} = 1 + \frac{R_f}{R} \tag{5.8}$$

特征频率：
$$f_0 = \frac{1}{2\pi C \sqrt{R_1 R_2}} \tag{5.9}$$

阻尼系数：
$$\alpha = \frac{1}{Q} = 2\sqrt{\frac{R_1}{R_2}} + \sqrt{\frac{R_2}{R_1}}(1 - A_{vp}) \tag{5.10}$$

由上式得
$$R_2 = \frac{1}{R_1 \omega_0^2 C^2} \tag{5.11}$$

$$R_1 = \frac{\alpha + \sqrt{\alpha^2 + 8(A_{vp} - 1)}}{4C\omega_0} \tag{5.12}$$

其中，角频率 $\omega_0 = 2\pi f_0$。

二阶有源高通滤波器性能主要由品质因数 Q 以及 f_0 决定。

5.2.4 实验内容

任务要求：

(1) 设计二阶有源低通滤波器。已知参数 $f_0 = 1000\text{Hz}$，$\alpha = \frac{\sqrt{2}}{2}$，$A_{vp} = 20$，计算确定 R_1 与 C_1、R_2 与 C_2、R 与 R_f。

(2) 设计二阶有源高通滤波器。已知参数 $f_0 = 100\text{Hz}$，$\alpha = \frac{\sqrt{2}}{2}$，$A_{vp} = 1$，$C_1 = C_2 = 0.1\mu\text{F}$，计算确定 R_1、R_2、R、R_f。

实验步骤：

(1) 按照设计要求，计算各元器件参数后根据设计的电路图在实验箱上安装电路，加至集成运放的正负电源端，极性不能接反，以免损坏。

(2) 接通运算放大器电源，输入信号 V_i 对地短接，进行运算放大器调零。

(3)输入信号V_i为1V的正弦信号,频率从20Hz逐渐增加到100kHz,在改变信号频率时,一定保持输入信号幅度不变。用示波器观测输出信号V_o波形,使用交流毫伏表测量输出信号V_o电压,观察设计的电路是否具有高通或低通特性,记录实验数据于表5.1中(f_0处多测几组数据),绘制幅频特性曲线并找出f_0的准确值。

表 5.1 实验数据记录表

						f_0						
输入信号频率												
输出电压V_o												

5.2.5 实验报告要求

(1)记录、整理实验数据。
(2)绘制二阶有源滤波器幅频特性曲线并找出f_0的值。
(3)实验数据与理论计算数据对比,并作分析。
(4)实验中遇到的问题及解决办法、实验体会。

5.2.6 思考题

试设计二阶有源带通、带阻滤波器。

5.3 实验十六 函数发生器的设计

5.3.1 实验目的

(1)掌握使用集成运算放大器设计正弦波、三角波函数发生器的方法。
(2)掌握集成运算放大器的工作原理。

5.3.2 预习要求

(1)复习RC正弦波振荡电路、滞回比较器电路、集成运算放大器积分电路工作原理。
(2)认真预习本实验内容,计算正弦波、三角波函数发生器电路参数。

5.3.3 实验原理

集成运算放大器具有高放大倍数,内部是直接耦合的多级放大器,整个电路可分为输入级、中间级、输出级三部分。集成运算放大器具有高性能、低价位等特点,已被广泛用于模拟信号的处理和产生电路中,如用于产生各种波形如正弦波、三角波、锯齿波、方波等。

1. 正弦波函数发生器

正弦波函数发生器也称为正弦波振荡器,由于集成运算放大器带宽限制,构成的正弦波振荡电路频率不高,一般不超过1MHz。常用的正弦波振荡器电路结构有 RC 正弦波振荡电路(输出功率小、频率低)、LC 正弦波振荡电路(输出功率大、频率高)、石英晶体振荡电路(频率稳定度高)等,下面分析 RC 正弦波振荡电路原理。

RC 正弦波振荡电路频率和振幅稳定、频率调节方便,其电路如图 5.4 所示,RC 串联、并联结构引入集成运放同相输入端构成正反馈并决定电路振荡频率,在 $f=f_0=\dfrac{1}{2\pi RC}$ 时串联、并联网络造成相移 $\varphi_F=0$,电路达到自激振荡相位平衡条件 $\varphi=\varphi_F=\varphi_A=0$,其中 φ_A 为集成运放的相移,频率较低时 $\varphi_A=0$。

振荡电路中通过电阻 R_1、R_f,引入负反馈,振幅平衡条件为 $A_uF=1$。在 $f=f_0=\dfrac{1}{2\pi RC}$ 时有 $F=1/3$。对于振荡电路,有

$$A_u = 1 + \frac{R_f}{R_1} \tag{5.13}$$

电路起振条件: $A_uF>1, F=1/3$,则 $A_u=1+\dfrac{R_f}{R_1}>3$ (5.14)

稳定振荡条件: $A_uF=1, F=1/3$,则 $A_u=1+\dfrac{R_f}{R_1}=3$ (5.15)

该 RC 串联、并联正弦波振荡电路不是靠运放内部的晶体管进入非线性区稳幅的,而是通过在外部引入负反馈来达到稳幅目的,电路会产生较大失真,图 5.5 为采用二极管稳幅电路,在起振之初,由于 u_o 幅值很小,尚不足以使二极管导通,正向二极管近于开路,此时,$R_f>2R_1$。而后,随着振荡幅度的增大,正向二极管导通,其正向电阻逐渐减小,直到 $R_f=2R_1$,振荡稳定,加入稳幅环节后,输出波形非线性失真可小于 1%,该振荡电路输出正弦波频率范围一般为 20Hz~50kHz。

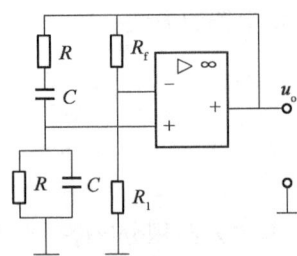

图 5.4 RC 正弦波振荡电路

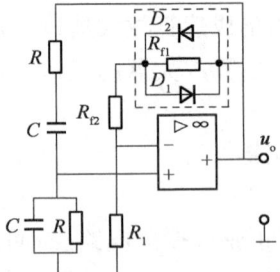

图 5.5 带稳幅环节的 RC 正弦波振荡电路

2. 三角波发生器

三角波发生器电路如图 5.6 所示,由集成运算放大器构成滞回比较器、积分电路,比较器 A_1 输出方波 v_{o1},积分电路 A_2 输出同频率的三角波 v_o,因此该电路也称为方波—三角波发生器,v_{o1}、v_o 波形如图 5.7 所示。

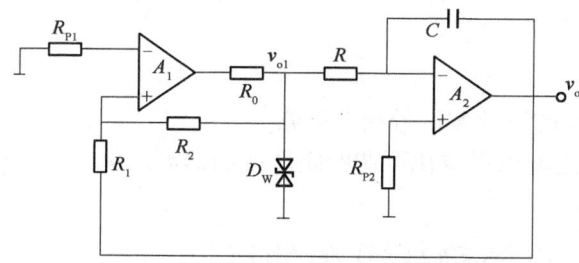
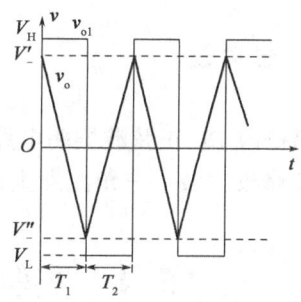

图 5.6 三角波发生器电路图　　　　图 5.7 三角波发生器输出波形图

三角波(方波)周期为 $T=T_1+T_2$，T_1、T_2 为电容 C 充放电时间：

$$T_1=T_2=2RC\frac{R_1}{R_2} \tag{5.16}$$

$$T=4RC\frac{R_1}{R_2} \tag{5.17}$$

则频率 $f=\dfrac{R_2}{4RCR_1}$，方波的幅度由稳压二极管稳定电压值决定，三角波的幅度由滞回比较器上下门限电平决定。

5.3.4　实验内容

任务要求：

(1)正弦波发生器:设计振荡频率为 $f_0=1\text{kHz}$ 的 RC 正弦波振荡电路。

(2)三角波发生器:设计由集成运算放大器构成的三角波发生器,频率为 2kHz。

步骤如下：

(1)按照设计要求,设计总体电路并计算确定元器件参数,在实验箱上安装电路。电路安装完成认真检查后方可接通电源,加至集成运放的正负电源端,极性不能接反,以免损坏。

(2) RC 正弦波振荡电路中,调节 R_f,让电路起振,输出波形不失真,调节 R_f 观察输出波形的变化情况。

(3)三角波发生电路中,用示波器观察 v_{o1}、v_o 的波形。

(4)测量并调整 RC 正弦波振荡电路、三角波发生器电路参数,直到输出信号满足设计要求。

5.3.5　实验报告要求

(1)说明 RC 正弦波振荡电路、三角波发生器电路工作原理以及主要元器件的作用。

(2)元器件参数的计算。

(3)整理实验数据,绘制 RC 正弦波振荡电路输出波形,分析实验结果。

(4)整理实验数据,绘制三角波发生器电路输出波形,分析实验结果。

(5)将实验测得频率与理论值进行比较,并作分析。

(6)实验中遇到的问题及解决办法、实验体会。

5.3.6 思考题

(1)修改 RC 正弦波振荡电路,使之输出的正弦波信号频率可调。
(2)修改方波—三角波发生器电路,使之输出占空比可调的矩形波和锯齿波信号。

5.4 实验十七　直流稳压电源的设计

5.4.1 实验目的

(1)掌握变压器、桥式整流电路、电容滤波电路、稳压电路的工作原理。
(2)掌握使用变压器、整流二极管、滤波电容、集成稳压芯片设计直流稳压电源的方法。
(3)掌握直流稳压电路主要性能指标及测试。

5.4.2 预习要求

(1)复习变压、整流、滤波、稳压电路原理。
(2)认真预习本实验,计算电路中相关参数。

5.4.3 实验原理

直流稳压电源主要包括 3 个部分——变压器电路、整流滤波电路、稳压电路。图 5.8 为直流稳压电源内部电路图,展示了将单相交流电变换成直流电的过程。

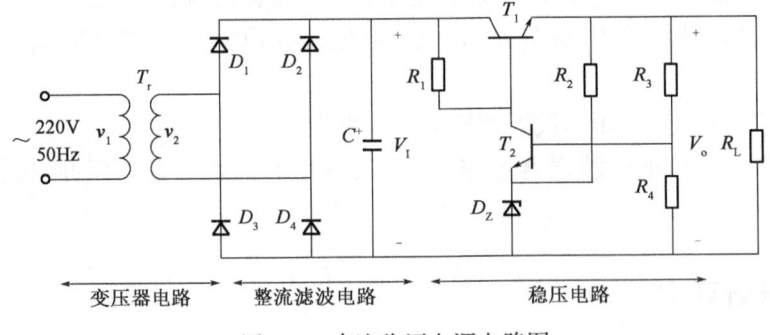

图 5.8　直流稳压电源电路图

1. 变压器

变压器 T_r 将 220V 的交流电压 v_1 变换成整流电路所需的交流电压 v_2。变压器两侧电压比 K 为:

$$K = \frac{V_1}{V_2} \tag{5.18}$$

式中,V_1、V_2 分别为交流电压 v_1、v_2 的有效值。

2. 整流滤波电路

图 5.8 为单相桥式整流电路,主要由整流二极管 D_1、D_2、D_3、D_4 组成,将变压器输出的交流电压 v_2 变换成脉动的直流电压,通过电容 C 滤波后,滤去整流电路输出电压的交流成分,保留其直流成分,达到平滑输出电压波形的目的,得到直流电压 V_1,V_1 与交流电压 v_2 有如下关系:

$$V_1 = (1.1 \sim 1.2) V_2 \tag{5.19}$$

每只整流二极管承受的最大反向电压为 $V_{RM} = \sqrt{2} V_2$,流过每只整流二极管的平均电流 $I_D = \frac{1}{2} I_{R_L} = \frac{1}{2} \frac{V_2}{R_L}$,$R_L$ 为整流电路的负载,I_{R_L} 为流过 R_L 的电流。

3. 稳压电路

稳压电路(稳压器)为电路或负载提供稳定的输出电压,其输出电压大小基本上与电网电压、负载及环境温度的变化无关。理想的稳压器是输出阻抗为零的恒压源。实际上,它是内阻很小的电压源。其内阻越小,稳压性能越好。

稳压电路可分为串联型稳压电路、集成稳压器。串联型稳压电路工作电流较大,输出电压一般可连续调节,稳压性能优越;集成稳压器具有体积小、可靠性高、使用灵活、价格低廉等优点。最简单的集成稳压器只有输入、输出和公共引出端,故称之为三端集成稳压器,下面介绍固定式三端集成稳压器和可调式三端集成稳压器。

1) 固定式三端集成稳压器

固定式三端集成稳压器通常有 W78×× (输出正电压)系列和 W79×× (输出负电压)系列,其中 ×× 表示集成稳压器输出电压的数值,以 V 为单位,输出电压有 5V、6V、9V、12V、15V、18V、24V 等多种,输出电流规格用 78/79 后加大写字母来表示,L 表示 100mA、M 表示 500mA,无字母表示 1500mA,例如 78L××/79L×× 表示输出电流 100mA,78M××/79M×× 表示输出电流 500mA,78××/79×× 表示输出电流 1500mA。

W78××、W79×× 系列稳压器有金属封装和塑料封装两种,如图 5.9 所示,使用时必须注意引脚功能,不能接错,否则电路将不能正常工作,甚至损坏集成电路。

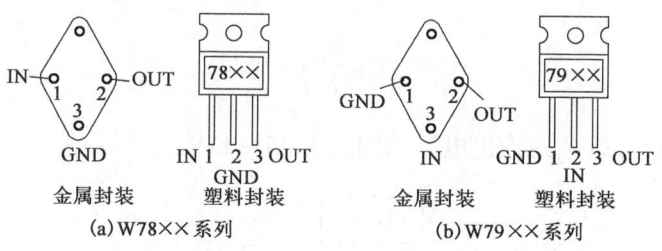

图 5.9 固定式三端集成稳压器外形及管脚图

W78×× 系列集成稳压器的应用电路见图 5.10,W79×× 系列的基本应用电路基本相同,输出电压 V_o 由集成稳压器决定,为 12V,最大输出电流为 1500mA。为保证电路正常工作,输入电压 V_I 要比输出电压 V_o 大至少 2.5~3V。电容 C_1 用来抵消输入端接线较长时的电感效应,防止产生自激振荡,即用以改善波形。电容 C_2、C_3 可在瞬时增减负载电流时,不致引起输出电压有较大的波动,即用来改善负载的瞬态响应。二极管 D 为保护二极管。为提高输出电压,可采用图 5.11 所示电路,输出电压 V_o 为

$$V_o \approx \left(1 + \frac{R_2}{R_1}\right)V_{XX} \tag{5.20}$$

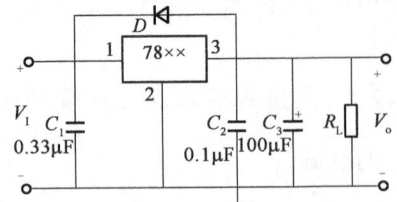
图 5.10 W78×× 集成稳压器应用电路

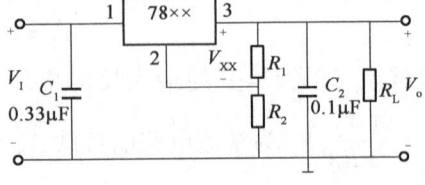
图 5.11 提高输出电压 V_o 电路

2) 可调式三端集成稳压器

可调式三端集成稳压器继承了固定式三端集成稳压器结构简单的优点,而且输出电压可以调整,电压稳定度也大大提高(达到 0.01%),被誉为第二代三端稳压器,是一种通用化集成稳压器,用途极广。可调式三端集成稳压器有 W117/217/317 系列(输出正电压)、W137/W237/W337 系列(输出负电压)等,输出电压为 1.25~37V,连续可调,输出电流为 L 型(100mA)、M 型(500mA),未标字母(1500mA)。可调式三端集成稳压器外形和引脚图如图 5.12 所示。

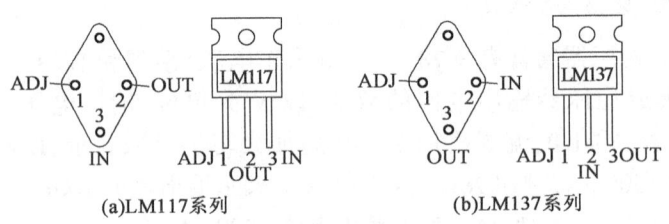

图 5.12 可调式三端集成稳压器外形、引脚图

可调式三端集成稳压器应用电路见图 5.13,由于调整端的电流可忽略不计,输出电压为

$$V_o = \left(1 + \frac{R_P}{R}\right) \times 1.25\text{V} \tag{5.21}$$

如果 $R_P = 6.8\text{k}\Omega$,则 V_o 的输出电压范围为 1.25~37V。

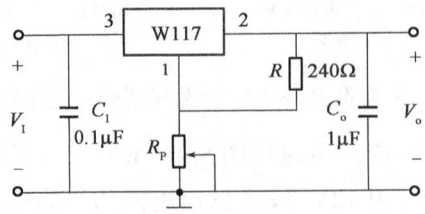

图 5.13 可调式三端集成稳压器应用电路

4. 直流稳压电源主要参数

(1) 输入电压 V_I 范围。

(2) 输出电压 V_o 范围。

(3) 最大输出电流。

(4) 电压调整率 S_i。它反映输入电压 V_I 和环境温度不变时,负载电流 I_o 从 0 变到最大时,输出电压波动对稳压电路的影响。

$$S_i = \frac{\Delta V_o}{V_o} \times 100\% \bigg|_{\Delta I_o = I_{omax}, \Delta T = 0} \qquad (5.22)$$

(5) 稳压系数 S_r。当负载电流和环境温度不变时,输入电压 $V_I \pm 10\%$ 变化时引起输出电压 V_o 的相对变化。

$$S_r = \frac{\Delta V_o}{V_o} \bigg/ \frac{\Delta V_I}{V_I} \bigg|_{I_o, T 不变} \qquad (5.23)$$

(6) 温度系数 S_T。输入电压 V_I、负载电流 I_o 不变时,温度对输出电压相对变化量影响。

$$S_T = \frac{\Delta V_o / V_o}{\Delta T} \bigg|_{\Delta I_o = 0, \Delta V_I = 0} \qquad (5.24)$$

(7) 输出电阻 R_o。输出电阻 R_o 越小,直流稳压电源带负载能力越强。

$$R_o = \frac{\Delta V_o}{\Delta I_o} \bigg|_{\Delta V_I = 0, \Delta T = 0} \qquad (5.25)$$

(8) 纹波电压、纹波抑制比。纹波电压为输出电压 V_o 上叠加的交流分量,一般为 mV 级别,在额定输出电流时用交流电压表测量其有效值。纹波抑制比为稳压电路输入纹波电压峰值(V_{IPP})与输出纹波电压峰值(V_{OPP})之比,一般用对数表示,反映了稳压器对输入端引入的交流电压的抑制能力,纹波抑制比计算公式为

$$纹波抑制比(dB) = 20\lg \frac{V_{IPP}}{V_{OPP}} \qquad (5.26)$$

5.4.4 实验内容

任务要求:

设计一直流稳压电源,输入电压为交流 220V、50Hz,输出直流电压为 5V,最大输出电流为 500mA,纹波电压 ≤5mV,电压调整率 ≤10mV。

步骤如下:

(1) 根据要求设计直流稳压电源电路,确定元器件及参数。

(2) 安装直流稳压电源电路,检查元器件是否连接正确,确保三端稳压器的输入与输出、整流二极管连接正确,无误后通电测试,带上负载。可对各个功能模块电路进行单个测试,需要时可设计一些临时电路用于调试。

(3) 测量各参数是否符合性能指标要求,如未达到则返回步骤(1),直到满足设计要求为止。

5.4.5 实验报告要求

(1)说明直流稳压电源电路工作原理及主要元器件作用。
(2)元器件选择及参数确定。
(3)测量变压器二次侧输出电压、整流电路输出电压、滤波电路输出电压、稳压电路输出电压的电压值和波形,画出波形图与理论波形比较,并作分析。
(4)测试直流稳压电源主要性能指标,分析是否达到要求。

5.4.6 思考题

固定式三端稳压器怎么做到正负同时输出,如同时输出 +12V、-2V 的电压?

5.5 实验十八　MSI 组合逻辑电路的设计

5.5.1 实验目的

(1)熟悉译码器、数据选择器等中规模数字集成电路(MSI)的逻辑功能及其使用方法。
(2)掌握用中规模集成电路构成组合逻辑电路的设计方法。
(3)掌握用集成计数器构成任一进制计数器的方法。

5.5.2 预习要求

(1)复习中规模集成电路如译码器、数据选择器、计数器的工作原理。
(2)熟悉 74LS138、74LS151、74HC160 等的引脚排列及功能。
(3)按照本实验要求,完成 MSI 组合逻辑电路设计,画出电路图。

5.5.3 实验原理

根据集成电路规模的大小(一片集成电路芯片上包含的逻辑门个数或元件个数),通常将其分为 SSI、MSI、LSI、VLSI,中规模集成电路(MSI)集成度为 100~1000 个元件或 10~100 个逻辑门。常用的中规模集成电路有译码器、数据选择器、计数器、触发器、寄存器等,下面介绍译码器、数据选择器、计数器。

1. 译码器

译码器功能是把输入的二进制代码"翻译"成相应的高低电平信号,从输出端相应通道输出。译码器在数字电路中使用非常广泛,按功能可分为变量译码器、显示译码器、代码变换译码器三类。

变量译码器一般是较少输入、较多输出的器件,常见的有 n 线—2^n 线译码,如三线—八线、四线—十六线译码器;显示译码器将代码转换成对应的七段码,一般可分为驱动 LED 和驱动 LCD 两类;代码变换译码器用于将一种代码转换成另一种代码,如四线—十线译码器。

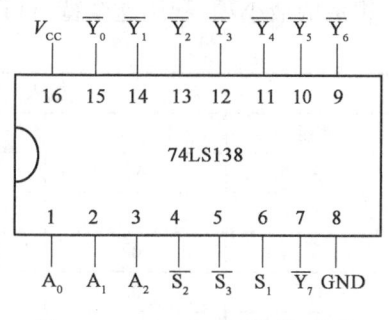

图 5.14　74LS138 引脚排列图

74LS138 是常用的三线—八线译码器,其引脚排列和功能表分别如图 5.14、表 5.2 所示,S_1、$\overline{S_2}$、$\overline{S_3}$ 为使能端或片选输入端,S_1 为高电平有效,$\overline{S_2}$、$\overline{S_3}$ 为低电平有效,A_2、A_1、A_0 为 3 个译码地址输入端,8 个译码输出端分别为 $\overline{Y_0}$ ~ $\overline{Y_7}$,译码输出信号为低电平有效。

表 5.2　74LS138 功能表

输入					输出							
S_1	$\overline{S_2}+\overline{S_3}$	A_2	A_1	A_0	$\overline{Y_0}$	$\overline{Y_1}$	$\overline{Y_2}$	$\overline{Y_3}$	$\overline{Y_4}$	$\overline{Y_5}$	$\overline{Y_6}$	$\overline{Y_7}$
×	1	×	×	×	1	1	1	1	1	1	1	1
0	×	×	×	×	1	1	1	1	1	1	1	1
1	0	0	0	0	0	1	1	1	1	1	1	1
1	0	0	0	1	1	0	1	1	1	1	1	1
1	0	0	1	0	1	1	0	1	1	1	1	1
1	0	0	1	1	1	1	1	0	1	1	1	1
1	0	1	0	0	1	1	1	1	0	1	1	1
1	0	1	0	1	1	1	1	1	1	0	1	1
1	0	1	1	0	1	1	1	1	1	1	0	1
1	0	1	1	1	1	1	1	1	1	1	1	0

注:× 表示任意值。

2. 数据选择器

数据选择器是根据给定的输入地址代码,从一组输入信号中选出指定的一个送至输出端的组合逻辑电路,也把它称为多路选择器或多路开关。数据选择器一般有 n 个地址输入端、2^n 个数据输入端以及一个数据输出端和一个反相数据输出端。在电子电路中,数据选择器使用得非常广泛,常用的数据选择器有 2 选 1、4 选 1、8 选 1 以及 16 选 1 等,74LS151 为常用的 8 选 1 数据选择器,其引脚排列和功能表分别见图 5.15、表 5.3,A_2、A_1、A_0 为地址输入端,D_0 ~ D_7 为 8 个数据输入端口,Q 为数据输出端,$\overline{Q}$ 为反相数据输出端,$\overline{S}$ 为使能端,低电平有效。当使能端有效时,数据输出端 Q 与 A_2、A_1、A_0 构成最小项 m_i,输入数据 D_0 ~ D_7 的关系如下:

$$Q = \sum_{i=0}^{7} m_i D_i \qquad (5.27)$$

图 5.15　74LS151 引脚排列图

当 D_i 为 0 时输出 Q = 0,当 D_i 为 1 时输出 Q 为 A_2、A_1、

A_0 组成的最小项,利用这个特点可用 74LS151 实现组合逻辑函数。

表 5.3　74LS151 功能表

输入				输出	
使能	选择输入			输出	反相输出
$\overline{S}$	A_2	A_1	A_0	Q	$\overline{Q}$
1	×	×	×	0	1
0	0	0	0	D_0	$\overline{D_0}$
0	0	0	1	D_1	$\overline{D_1}$
0	0	1	0	D_2	$\overline{D_2}$
0	0	1	1	D_3	$\overline{D_3}$
0	1	0	0	D_4	$\overline{D_4}$
0	1	0	1	D_5	$\overline{D_5}$
0	1	1	0	D_6	$\overline{D_6}$
0	1	1	1	D_7	$\overline{D_7}$

注:×表示任意值。

3. 计数器

计数器的种类很多,按照进制可分为二进制、十进制、N 进制计数器,按照触发器反转是否同步可分为同步计数器和异步计数器,按照计数时增还是减可分为减法计数器、加法计数器等。其中常用的有同步 4 位二进制计数器 74HC161、74HC163,同步 4 位十进制计数器 74HC160;同步十进制计数器 74LS192 等。下面介绍 74HC160。

74HC160 采用 8421BCD 码计数,可实现二—十分频功能,为同步计数、异步清零计数器,除计数外还有预置数、保持等功能,其引脚排列和功能表分别见图 5.16、表 5.4。

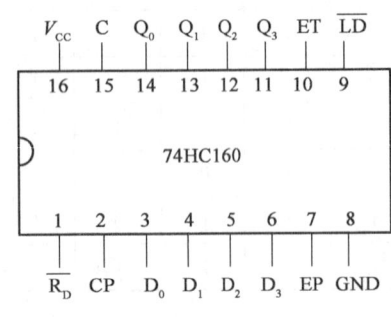

图 5.16　74HC160 引脚排列图

表 5.4　74HC160 功能表

输入					输出
CP	$\overline{LD}$	$\overline{R_D}$	EP	ET	Q
×	×	0	×	×	0
↑	0	1	×	×	预置数
↑	1	1	1	1	计数
×	1	1	0	×	保持
×	1	1	×	0	保持

注:×表示任意值。

利用 74HC160 能很方便地构成任意进制计数器,例如图 5.17 为采用异步清零法构成的六进制计数器。当计数器从 0000(S_0)计数成 0110(即 S_M)状态时,与非门 G 端输出低电平到 $\overline{R_D}$ 端,将计数器置零,回到 0000 状态,清零信号 0110 持续时间极短,所以计数器只有 0000～0101 共 6 个状态,为六进制计数器,但是该电路可靠性不高,因为清零信号持续时间极短,动作慢的触发器还未来得及复位,清零信号 0110 就已经消失了,就会导致电路误动作,可对电路进行改进,如图 5.18 所示。

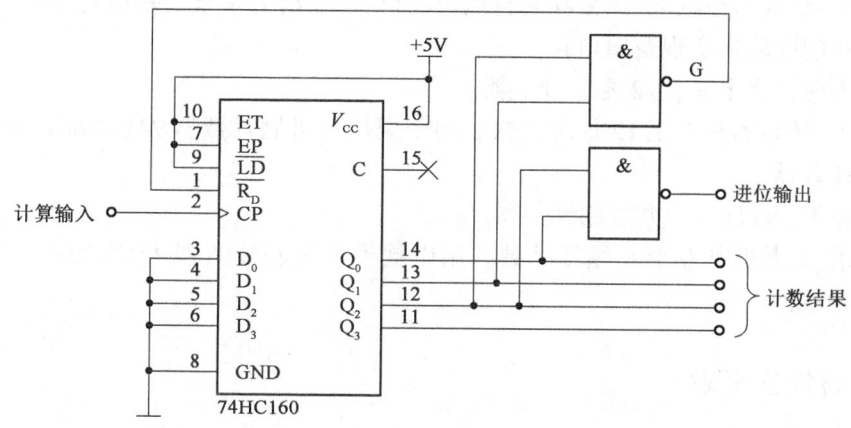

图 5.17 74HC160 构成 6 进制计数器电路

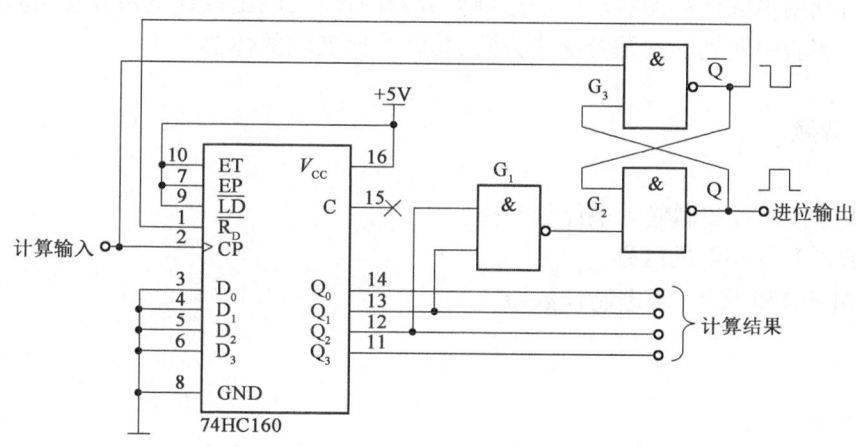

图 5.18 74HC160 构成 6 进制计数器改进电路

5.5.4 实验内容

任务要求:完成以下设计任务,其中设计任务一、二任选一个完成,设计任务四、五任选一个完成,设计任务三必做。

设计任务一:设计一个用 3 个键钮的保密锁。

设计要求:保密锁上有 3 个键钮 A、B、C。要求当 3 个键钮同时按下,或 A、B 两个同时按下,或 A、B 中任一个单独按下时,锁就能被打开(用 F 表示开锁信号);而当有键按下却不符合上列组合状态时,将发出报警信号(用 G 表示报警信号)。

用数据选择器 74LS153 或译码器 74LS138 及与非门设计此保密锁逻辑电路。

设计任务二:设计一个监测信号灯工作状态的逻辑电路。

设计要求:信号灯由红、黄、绿三种颜色灯组成,正常工作时,任何时刻只能是红、绿或黄中的一种灯亮。当出现其他五种灯亮状态时,电路发生故障,要求逻辑电路发出故障信号。用数据选择器 74LS151 或译码器 74LS138 及与非门设计此监测信号灯逻辑电路。

设计任务三：设计 1 位二进制全减器电路。

设计要求：输入为被减数、减数和来自低位的借位，输出为两数之差和向高位的借位信号。用 74LS138 和门电路来实现逻辑电路。

设计任务四：设计一个 12 翻 1 计数器。

设计要求：计数器从 1 至 12 循环计数。用中规模十进制计数器 74HC160(74LS160)及与非门设计此计数器。

设计任务五：设计一个九进制计数器。

设计要求：计数器从 0 至 8 循环计数。用中规模十进制计数器 74HC160(74LS160)及与非门设计此计数器。

5.5.5 实验报告要求

(1) 写出利用数据选择器、译码器实现逻辑函数的过程，画出设计电路并总结验证结果。
(2) 写出利用集成计数器实现任一进制计数器的过程，画出设计电路并总结验证结果。
(3) 简述实验中遇到的问题及解决方法，总结本次实验的体会。

5.5.6 思考题

(1) MSI 器件的各控制输入端能否悬空？
(2) 计数器和分频器的区别。
(3) 用 74HC160 设计 24 进制计数器。

第6章 仿真实验

6.1 实验十九 叠加定理仿真测试

6.1.1 实验目的

(1)掌握使用 Multisim 14 软件仿真验证叠加定理。
(2)通过仿真加深对叠加定理的理解。

6.1.2 预习要求

(1)熟悉叠加定理的基本内容及应用叠加定理分析电路。
(2)熟悉 Multisim 14 基本操作。

6.1.3 实验原理

如图 6.1 所示,电流源、电压源的值分别为 1A、10V,正方向已经标出,其中 R_1、R_2、R_3 的值分别是 2Ω、1Ω、1Ω,利用叠加定理求解通过 R_3 的电流 I 的值。

理论分析:

电流源单独作用:电压源置零位(短路),化简后的电路图如图 6.2 所示,据并联分流的公式,此时通过 R_3 的电流 $I' = \frac{2}{1+2} \times 1 = \frac{2}{3}$(A)。

电压源单独作用:电流源置零位(开路),化简后的电路图如图 6.3 所示,据串联电路的电压电流关系可得通过 R_3 的电流 $I'' = \frac{10}{1+2} = \frac{10}{3}$(A)。

当电流源、电压源共同作用时,通过 R_3 的电流 $I = I' + I'' = \frac{2}{3} + \frac{10}{3} = 4$(A)。

叠加定理:在线性电路中,任一支路的电压或电流都是电路中各个独立电源单独作用时,在该处产生的电压或电流的叠加。当某一独立源单独作用时,其他的独立源应置零,即独立电压源短路,独立电流源开路,电阻及受控源保留。

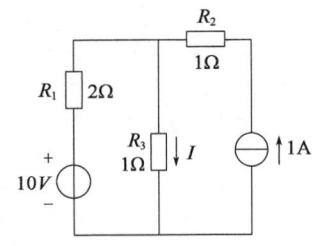
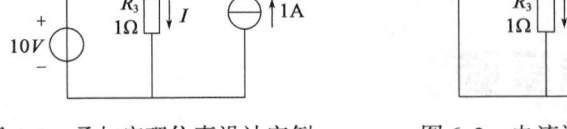

图 6.1 叠加定理仿真设计实例　　图 6.2 电流源单独作用　　图 6.3 电压源单独作用

注意事项：

(1)叠加定理仅适用于线性电路。

(2)电压、电流叠加时要注意方向。

(3)功率不符合叠加定理，因为它与电压电流为非线性关系。

(4)各独立源单独作用可以理解为每个独立电源逐个作用一次或各个独立电源分组作用各一次，但必须保证每个独立电源只能参与叠加一次。

(5)某个独立电源作用，同时意味着其他电源不起作用，即电压源短路，电流源开路。受控源则保留在各分电路中。

6.1.4　实验内容

1.仿真操作

(1)选择合适的电压源、电流源及电阻，并将其放置在合适的位置。

(2)选择万用表串联入所要测量的支路的电流，并将万用表的选择项设置为直流电流。

(3)首先测量电流源与电压源共同作用时电流 I，而后测量电流源单独作用时该支路电流 I'，此时需将电压源视为短路；最后测量电压源单独作用时该支路电流 I''，此时电流源视为开路。

(4)对得到的三个读数进行比较可以得到其中的关系：

①电流源单独作用时，设计如图 6.4 所示的仿真电路，此时电压源视为短路，万用表电流挡的示数为_____。

②电压源单独作用时，设计如图 6.5 所示的仿真电路，此时电流源视为开路，万用表电流挡的示数为_____。

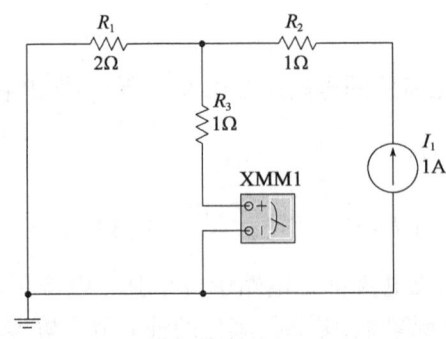
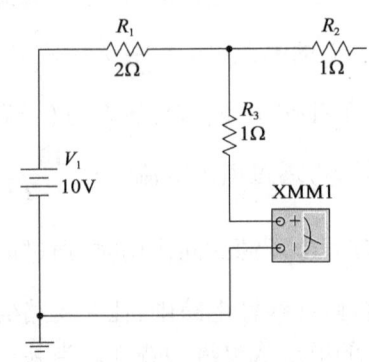

图 6.4　电流源单独作用仿真电路　　图 6.5　电压源单独作用仿真电路

③电流源和电压源共同作用时,设计如图6.6所示的仿真电路,此时万用表电流挡的读数为_____。

由以上电路仿真的结果可以得出通过电阻R_3的电流I为当电压源和电流源分别单独作用时通过电阻R_3的电流的叠加。由此可以验证叠加定理。

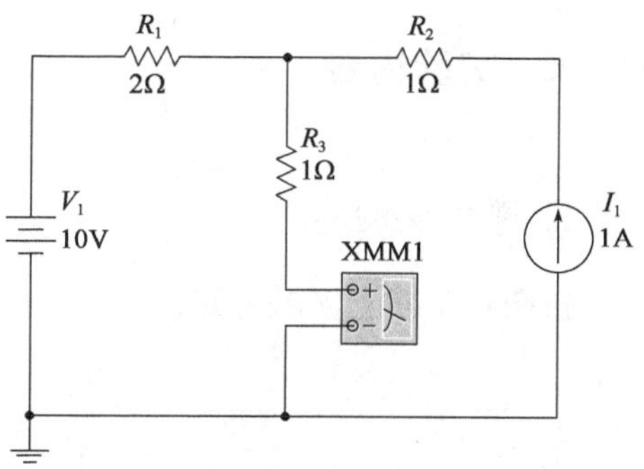

2. 实验注意事项

（1）使用 Multisim 14 时注意选择适当的仿真仪表。
（2）注意仿真仪表的接线正确性。
（3）每次要通过按下操作界面右上角的"启动/停止"开关接通电源。
（4）电压、电流叠加时要注意方向,方向相同取正,相反取负。
（5）某个独立电源作用,同时意味着其他电源不起作用,即电压源短路,电流源开路,在仿真设计时务必注意。

图6.6 电压源、电流源共同作用仿真电路

6.1.5 实验报告要求

（1）完成所有的实验项目,测量相关数据并记录。
（2）对试验中相应的数据示数和信号波形进行截图记录。
（3）保存好实验过程中建立的 Multisim 14 仿真源文件。
（4）分析实验数据。
（5）写实验体会。

6.2 实验二十 *RLC* 串联谐振电路仿真测试

6.2.1 实验目的

（1）掌握使用 Multisim 14 软件仿真分析 *RLC* 串联谐振电路。
（2）通过仿真加深对 *RLC* 串联谐振的理解。

6.2.2 预习要求

（1）熟悉 *RLC* 串联谐振的原理。
（2）熟悉 Multisim 14 基本操作。

6.2.3 实验原理

RLC 串联谐振电路的原理可参考本书"实验三"的相关章节。

6.2.4 实验内容

1. 建立实验电路

按图6.7建立实验电路。

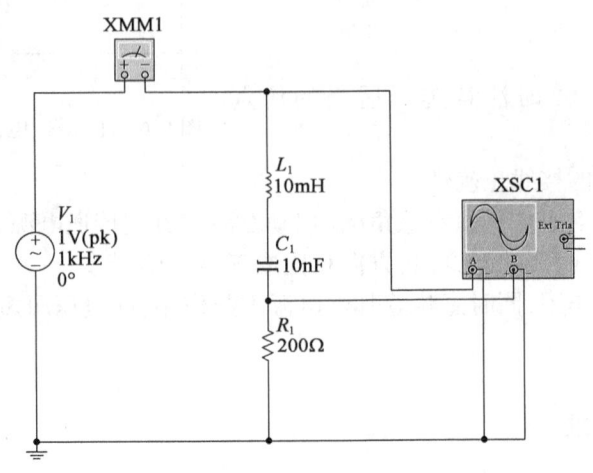

图6.7 RLC串联谐振电路实验电路

2. 测量电路谐振时的 f_0、V_R、V_L、V_C、Q、I_0

打开仿真开关,用连接在电路中的双踪示波器分别测量激励电压源 V_S 和电阻 R 两端的电压。在理论计算的基础上,调整激励电压源 V_S 的频率,并注意观察激励电压源 V_S 和电阻两端的电压波形,当激励电压源 V_S 和电阻 R 两端的电压波形相同,即端口电压和电流波形相位相同时,电路即发生了串联谐振。在电路谐振的情况下,用万用表分别测量电阻 R、电感 L 和电容 C 两端的电压值;将测量的电感 L(或者电容 C)两端的电压值除以电阻 R 两端的电压值,换算出电路的 Q 值;用串接在电路中的万用表测量电路中流过的电流 I_0;移动示波器面板游标,通过测量谐振时电阻 R 两端电压信号的周期即可测量电路的谐振频率,并将测量数据填入表6.1中。

表6.1 测试数据记录表

项目	f_0,Hz	V_R,V	V_L,V	V_C,V	Q	I_0,A
理论计算值						
仿真测量值						

3. 测量不同 Q 值时的 I_0、V_R、V_L、V_C

在其他电路参数不变的情况下,调整电阻 R 的大小。用万用表测量电阻 R 两端的电压值、电感 L 和电容 C 两端的电压值、Q 值;用串联在电路中的万用表测量电路中流过的电流 I_0。

(1)将电路图中的电阻 R 从200Ω调整为100Ω,用示波器测量 R 两端的电压值、电感 L 和电容 C 两端的电压值;将测量的电感 L(或者电容 C)两端的电压值除以电阻 R 两端的电压值,换算出电路的 Q 值;用串联在电路中的万用表测量电路中流过的电流 I_0,并将数据填入表6.2中。

(2)将电路图中的电阻 R 从 100Ω 调整为 10Ω,重复(1)中的步骤,填写表 6.2。

表 6.2 测试数据记录表

R,Ω	f_0,Hz	V_R,V	V_L,V	V_C,V	Q	I_0,mA
10						
100						

4. 实验注意事项

(1)使用 Multisim 14 时注意选择适当的仿真仪表,注意要将所使用的电压表中的选项由 DC 更改为 AC。
(2)注意仿真仪表的接线正确性。
(3)每次要通过按下操作界面右上角的"启动/停止"开关接通电源。
(4)交流电源上所标注的 V_{rms} 为电压的有效值,在更改电源的数值时应注意,另外 pk 则是代表电压的峰值。

6.2.5 实验报告要求

(1)完成所有的实验项目,测量相关数据并记录。
(2)对实验中相应的数据示数和信号波形进行截图记录。
(3)保存好实验过程中建立的 Multisim 14 仿真源文件。
(4)分析实验数据。
(5)写实验体会。

6.3 实验二十一 单管交流放大电路的仿真测试

6.3.1 实验目的

(1)掌握使用 Multisim 14 软件分析单管交流放大电路主要参数指标的方法。
(2)掌握在仿真环境中调整放大器直流工作点,并测量晶体管的 β 值。
(3)掌握在仿真环境中测量放大器的电压放大倍数。
(4)了解集电极电阻和负载电阻对放大倍数的影响。

6.3.2 预习要求

(1)熟悉单管交流放大电路的分析。
(2)熟悉 Multisim 14 基本操作。

6.3.3 实验原理

单管交流放大电路的实验原理可参考本书"实验七"的相关章节。

6.3.4 实验内容

1. 放大电路的静态工作点的仿真测试

(1) 用直接法测静态工作点。直接法测静态工作点是指使用电流表和电压表直接测量三极管放大电路在没有输入交流信号情况下的 I_B、I_C、V_{CE}。

(2) 构建电路图。按照图 6.8 的仿真电路构建单管交流放大电路的电路图。

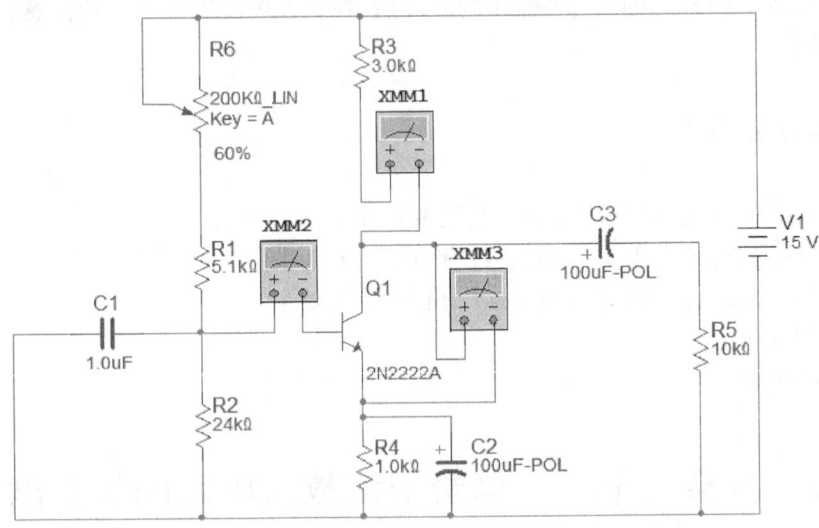

图 6.8 单管放大器静态工作点测试(软件截图)

(3) 测试静态工作点。使万用表处于正确的挡位上,点击 ▶ 按钮开始仿真测试。此时三极管的静态工作点测试结果就直接显示在万用表上,如图 6.9 所示。当测试结果稳定以后可以点击 ▌▌ 按钮暂停,或者点击 ■ 可以停止此次仿真测试。

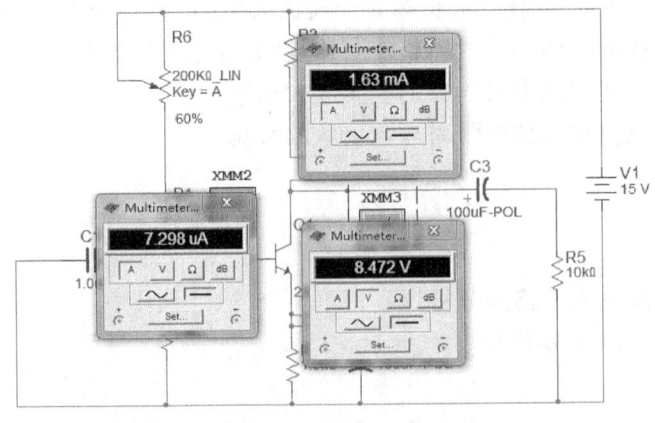

图 6.9 静态工作点测试结果(软件截图)

(4)静态工作点的调整。由于该放大电路所需的静态工作点电流I_{CQ}建议为1.5mA左右,因此仿真电路还需要稍作调整。在仿真状态下,点击键盘上的"A"键或者在按住"shift"键不放的情况下点击键盘上的"A"键,这时可以看见电位器R_6的百分比会逐渐变大或减小,步进值一般为5%,万用表的示数也会发生相应的变化。如果需要使步进的精度更高,可以点击电位器边上的那个百分数,此时会弹出一个属性设置对话框(图6.10)。

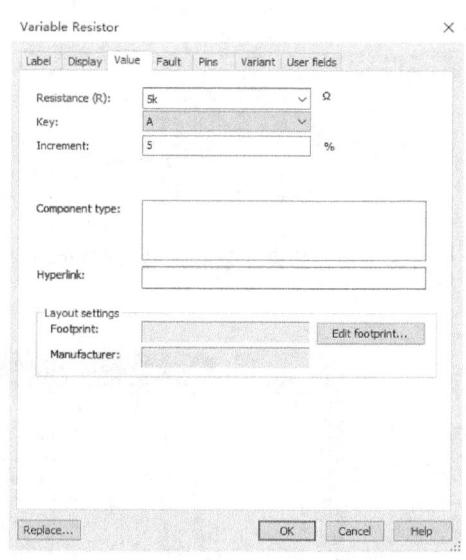

图6.10 属性设置对话框(软件截图)

通过设置"Increment"中的值可以调整电位器的步进精度,通过设置"Key"可以设置多个快捷键,方便一个电路中使用多个电位器。

(5)记录静态工作点。调整电路的静态电流使电路的I_{CQ}为1.5mA左右,将所测得的静态工作点填入表6.3中。

表6.3 测试数据记录表

测试项目	I_B,μA	I_C,mA	V_{CE},V
测得参数			

2. 放大电路电压放大倍数的测量

(1)修改仿真电路。保持电路的静态工作点I_{CQ}为1.5mA不变,在原来的仿真电路的基础上为电路增加信号发生器和示波器(图6.11),万用表可以删除,示波器的两个通道分别连接到电路的输入端和输出端。

(2)开始仿真测试。双击虚拟仪器的图标,打开它们的虚拟面板窗口,函数信号发生器和示波器的参数可以参考图6.12进行设置。

点击标准工具栏上的▶按钮开始仿真测试。虚拟示波器的窗口上显示出了输入端和输出端的波形,拉出虚拟示波器窗口上的两条读数指针,分别度量输入和输出波形幅度最大处和最小处,波形窗口的下方将显示出该处波形的幅度值,将测试结果填入表6.2。

改变负载电阻的大小再次进行同样的测试。删除原电路图中的负载电阻R_5,添加一个阻值为1kΩ的电阻,并把该电阻作为新的负载电阻接入电路,重复刚才的测试步骤,将测试结果填入表6.4。

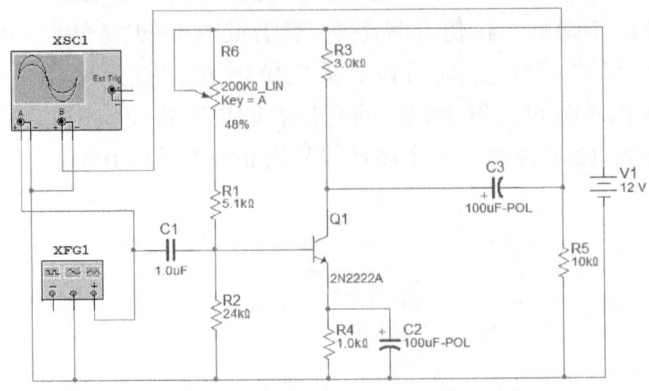

图6.11 添加信号发生器和示波器(软件截图)

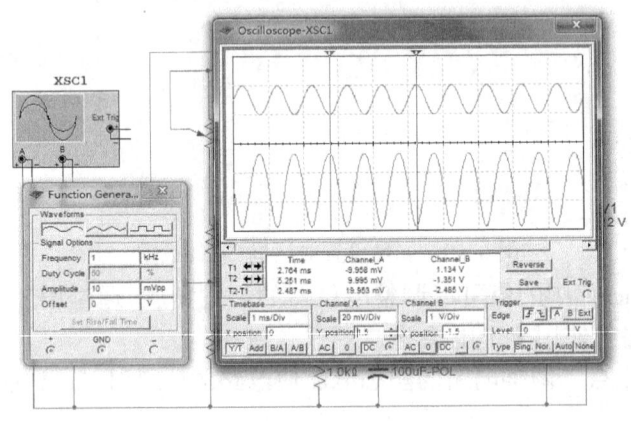

图6.12 函数信号发生器和示波器参数设置(软件截图)

表6.4 测试数据记录表

R_L	输入电压V_i (峰峰值)	输出电压V_o (峰峰值)	实测A_u	理论A'_u
10kΩ				
1kΩ				

3. 观察静态工作点对放大电路输出波形的影响

(1)调整电路参数。关闭仿真开关,调节虚拟信号发生器输出信号的峰峰值为30mV,将电位器R_6的阻值百分比降到10%(此时电位器的电阻值较小),启动仿真测试,虚拟示波器出现如图6.13所示的波形。

(2)调整静态工作点。点击键盘上的"A"键,连续改变电位器的阻值百分比至90%(此时电位器的电阻值较大),观察放大电路静态工作点的变化导致输出波形的变化情况。图6.14显示的是电位器阻值百分比调整至90%时放大电路的输入、输出波形对比。

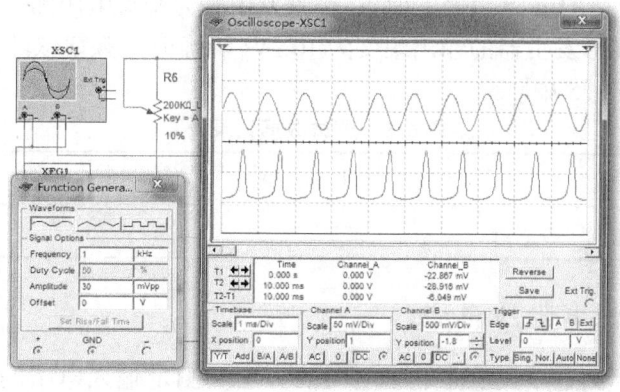

图 6.13　饱和失真仿真波形(软件截图)

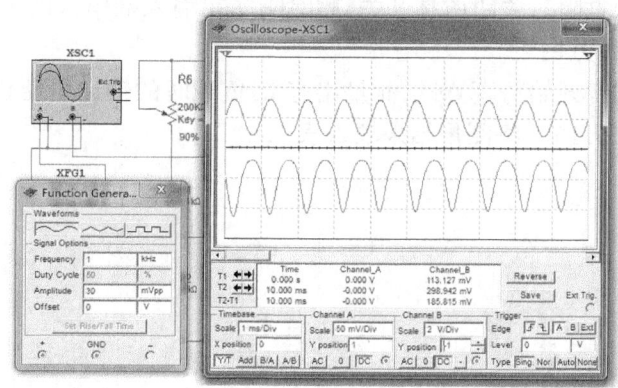

图 6.14　截止失真仿真波形(软件截图)

4. 放大电路输入电阻测量

(1)构建电路图。为了测定放大电路的输入电阻,可以在电路的输入端串入一个阻值合适的电阻,使用毫伏表测量该电阻两端的电压,利用电阻分压原理推算出放大电路的输入电阻。

(2)串入测试用的电阻。关闭仿真开关,在放大电路的输入端串入一枚阻值为 4.7kΩ 的电阻,按图 6.15 接入两台虚拟万用表,由于使用的是虚拟仪器,虚拟万用表有着优良的频率响应特性,可以应用于较高频率信号电压与电流的测量。

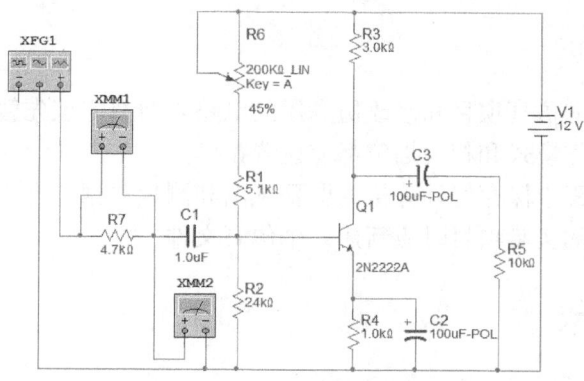

图 6.15　输入电阻测量(软件截图)

(3)记录实验数据。打开万用表的面板,设置万用表为交流电压测量方式,改变 R_6 的阻值百分比为 45%,虚拟信号发生器的输出幅度为 10mV(峰峰值),频率依然为 1kHz,开始仿真测试,测量结果记录于表 6.5 中。

表 6.5 测试数据记录表

V_{XMM1},mV	V_{XMM2},mV	R_i,kΩ

5. 放大电路输出电阻的测量

(1)构建电路图。测定放大电路输出电阻的方法和测定输入电阻的方法类似,在电路的输出端串入一个电阻,利用电路分压原理测算出电路的输出电阻。

(2)串入测试用的电阻。关闭仿真开关,删除刚才在输入端串入的电阻和万用表,在输出负载电阻 R_5 上并联一个万用表。

(3)记录实验数据。开始仿真测试,测量出有 R_5 负载时的输出电压 V_o 以及没有 R_5 负载电路时的输出电压 V_o(图 6.16),将测量结果填入表 6.6。

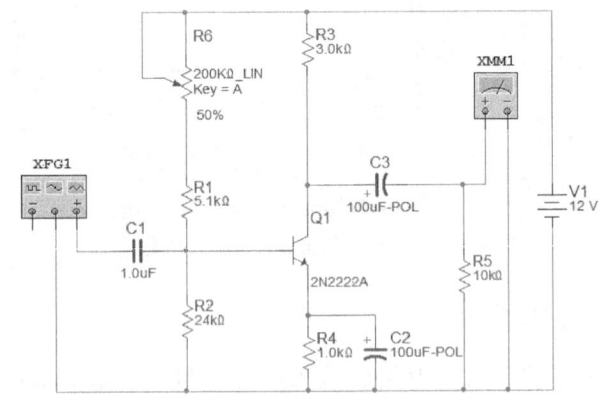

图 6.16 输出电阻测量(软件截图)

表 6.6 测试数据记录表

V_o(有负载),mV	V_o(无负载),mV	R_o,kΩ

6. 实验注意事项

(1)在进行任何新的仿真项目和修改仿真用的电路之前都应该先暂停仿真。
(2)虚拟仪器的工作模式和相关挡位都应设置正确。
(3)注意在实验过程中保存好计算机的屏幕截图和测量数据。
(4)每进行一个新的实验项目时应新建一个仿真文件。

6.3.5 实验报告要求

(1)完成所有的实验项目,测量相关数据并记录。

(2)对实验中相应的数据示数和信号波形进行截图记录。
(3)保存好实验过程中建立的 Multisim 14 仿真源文件。
(4)分析实验数据。
(5)写实验体会。

6.4　实验二十二　集成逻辑门电路仿真测试

6.4.1　实验目的

(1)掌握用 Multisim 14 软件进行与非门、异或门的逻辑功能测试及其测试方法。
(2)通过仿真加深对逻辑门电路功能的理解。

6.4.2　预习要求

(1)熟悉集成逻辑门电路的分析。
(2)熟悉 Multisim 14 基本操作。

6.4.3　实验原理

集成逻辑门电路原理可参考本书"实验十"的相关章节。

6.4.4　实验内容

1. TTL 集成门电路逻辑功能的测试

1)"与非门"逻辑功能的测试

(1)按表 6.7 完成逻辑功能的测试。进入 Multisim 14 软件,从元器件库栏中取出测试电路所需的电路元器件,按图 6.17 所示连接电路,电路中三变量分别用三开关表示,分别由键盘按键 A、B、C 控制,设置方法为:鼠标指向开关元件,双击鼠标进入 Switch(开关属性)对话框,在 Value 标题栏 Key 项分别直接输入英文字母 A、B、C(大小写任意)。

图 6.17　三输入与非门逻辑图

连接电路完成,选择 File(文件)菜单下 Save As(另存为)命令对电路文件进行保存。接线图如图 6.18 所示。

(2)按下"运行"按钮,启动电路进行测试,将测试结果填入表 6.7 的真值表中。

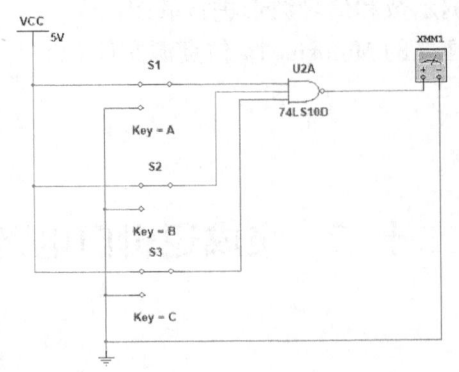

图 6.18　三输入与非门接线图(软件截图)

表 6.7　"与非门"逻辑功能的测试

输入逻辑状态			输出	
A	B	C	电位,V	
			TTL	
1	1	1		
0	1	1		
0	0	1		
0	0	0		

2)测试 74LS86(四异或门)逻辑功能

(1)按表 6.8 完成逻辑功能的测试。进入 Multisim 14 软件,从元器件库栏中取出测试电路所需的电路元器件,按图 6.19 所示连接电路,电路中两变量分别用两个开关表示,分别由键盘按键 A、B 控制,设置方法为:鼠标指向开关元件,双击鼠标进入 Switch(开关属性)对话框,在 Value 标题栏 Key 项分别直接输入英文字母 A、B(大小写任意)。

连接电路完成,选择 File(文件)菜单下 Save As(另存为)命令对电路文件进行保存。接线图如图 6.20 所示。

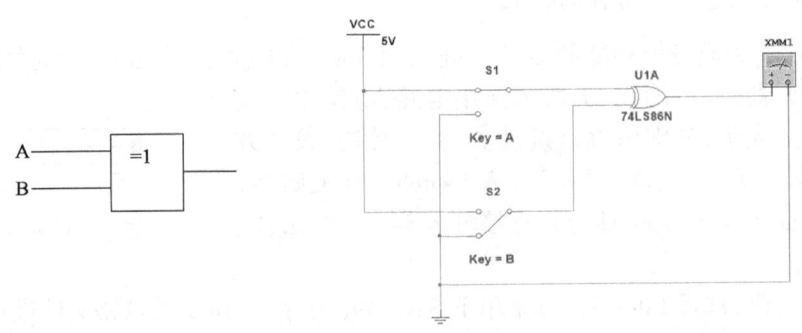

图 6.19　异或门逻辑图　　　图 6.20　异或门接线图(软件截图)

(2)按下"运行"按钮,启动电路进行测试,将测试结果填入表 6.8 中,得表达式为 Y = A⊕B。

表 6.8　异或门逻辑功能的测试表

输入逻辑状态		电位,V
A	B	输出
0	0	
0	1	
1	0	
1	1	

2."门"控制功能的测试

1)"与非"门控制功能的静态测试

设 A 为信号输入端,B 为控制端。A 端输入单脉冲,B 端接逻辑电平"0"或"1"。输出端 Z 接发光二极管(LED)进行状态显示,或称"0—1"显示,高电平亮。按表 6.9 进行测试,总结亮和不亮的规律。

进入 Multisim 14 软件,从元器件库栏中取出测试电路所需的电路元器件,按图 6.21 所示连接电路,连接电路完成,选择 File(文件)菜单下 Save As(另存为)命令对电路文件进行保存。接线如图 6.22 所示。

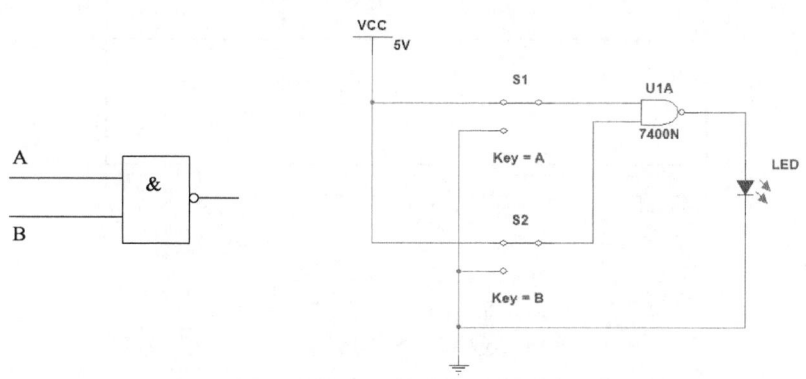

图 6.21　与非门逻辑图　　图 6.22　与非门接线图(软件截图)

表 6.9　"与非门"门控功能

A	B	Z_1	B	Z_2
0	0		1	
1	0		1	
0	0		1	
1	0		1	

2)与非门控制功能的动态测试

A 端输入 CP 脉冲 $T=0.2$ ms,B 端输入"1""0"信号,观察记录输入输出波形。

进入 Multisim 14 软件,从元器件库栏中取出测试电路所需的电路元器件,连接电路完成,选择 File(文件)菜单下 Save As(另存为)命令对电路文件进行保存。接线如图 6.23 所示。

按下"运行"按钮,启动电路进行测试,双击示波器得如图 6.24 所示电路仿真图。

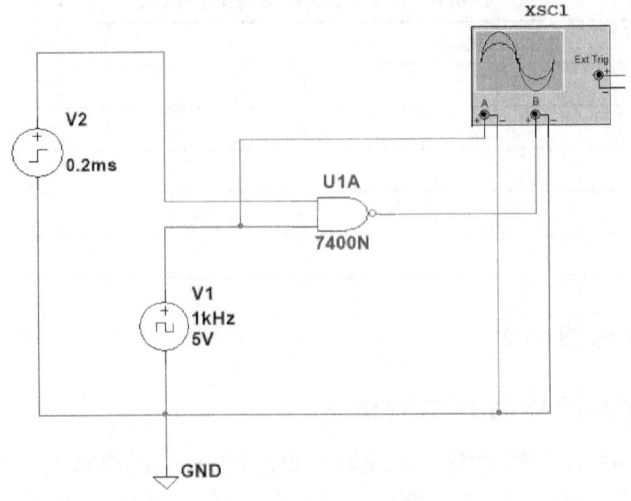

图 6.23 与非门接线图(软件截图)

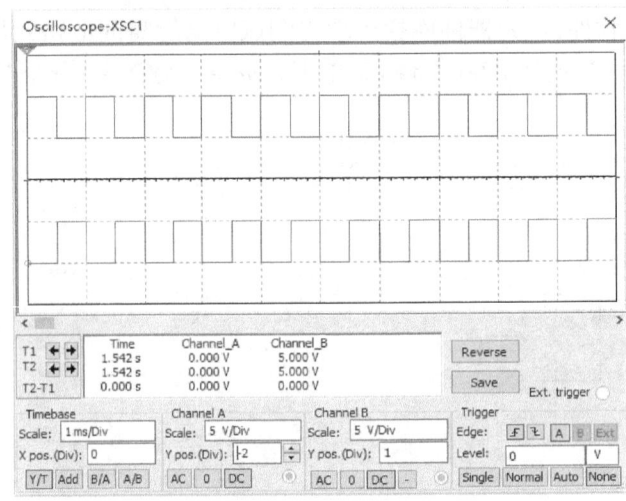

图 6.24 与非门逻辑仿真图(软件截图)

3. 实验注意事项

(1)在进行任何新的仿真项目和修改仿真用的电路之前都应该先暂停仿真。
(2)虚拟仪器的工作模式和相关挡位都应设置正确。
(3)每进行一个新的实验项目时应新建一个仿真文件。

6.4.5 实验报告要求

(1)完成所有的实验项目,测量相关数据并记录。
(2)对实验中相应的数据示数和信号波形进行截图记录。
(3)保存好实验过程中建立的 Multisim 14 仿真源文件。
(4)分析实验数据。
(5)写实验体会。

参 考 文 献

[1] 胡泽,张雪平,顾三春.电子技术实验教程.北京:高等教育出版社,2015.
[2] 席建中,陈松柏,何勇.电工电子技术实验.北京:高等教育出版社,2014.
[3] 秦增煌,姜三勇.电工学(上册).7版.电工技术.北京:高等教育出版社,2009.
[4] 陈崇辉.电工电子技术实验指导.广州:华南理工大学出版社,2018.
[5] 章小宝,夏小勤,胡荣.电工与电子技术实验教程.重庆:重庆大学出版社,2016.
[6] 崔红玲,等.电子技术基础实验.成都:电子科技大学出版社,2014.
[7] 彭小峰,等.电工电子技术实验.重庆:重庆大学出版社,2018.
[8] 刘宏,刘小梅.电工电子技术实验.广州:华南理工大学出版社.2007.
[9] 孙苏玲,刘建南.电工电子技术实验教程.青岛:中国石油大学出版社,2006.
[10] 刘泾,等.数字电子技术实验指导书.北京:高等教育出版社,2016.
[11] 陈大钦,罗杰.电子技术基础实验.北京:高等教育出版社,2014.
[12] 赵虹.电工电子技术实践教程.2版.北京:化学工业出版社,2011.

附录1 仿真软件 Multisim 14 介绍

附录1.1 Multisim 14 用户界面

在众多的 EDA 仿真软件中,Multisim 软件界面友好、功能强大、易学易用,受到电类设计开发人员的青睐。Multisim 用软件方法虚拟电子元器件及仪器仪表,将元器件和仪器集合为一体,是原理图设计、电路测试的虚拟仿真软件。

Multisim 来源于加拿大图像交互技术公司(Interactive Image Technologies,简称 IIT 公司)推出的以 Windows 为基础的仿真工具,原名 EWB。

1996 年 IIT 推出了 EWB 5.0 版本,在 EWB 5.×版本之后,从 EWB 6.0 版本开始,IIT 对 EWB 进行了较大变动,名称改为 Multisim(多功能仿真软件)。

IIT 后被美国国家仪器(NI,National Instruments)公司收购,软件更名为 NI Multisim,Multisim 经历了多个版本的升级,已经有 Multisim 2001、Multisim 7、Multisim 8、Multisim 9、Multisim 10 等版本,9 版本之后增加了单片机和 LabVIEW 虚拟仪器的仿真和应用。

下面以 Multisim 14 为例介绍其基本操作。附图 1.1 是 Multisim 14 的用户界面,包括菜单栏、标准工具栏、主工具栏、虚拟仪器工具栏、元器件工具栏、仿真开关、状态栏、电路图编辑区等组成部分。

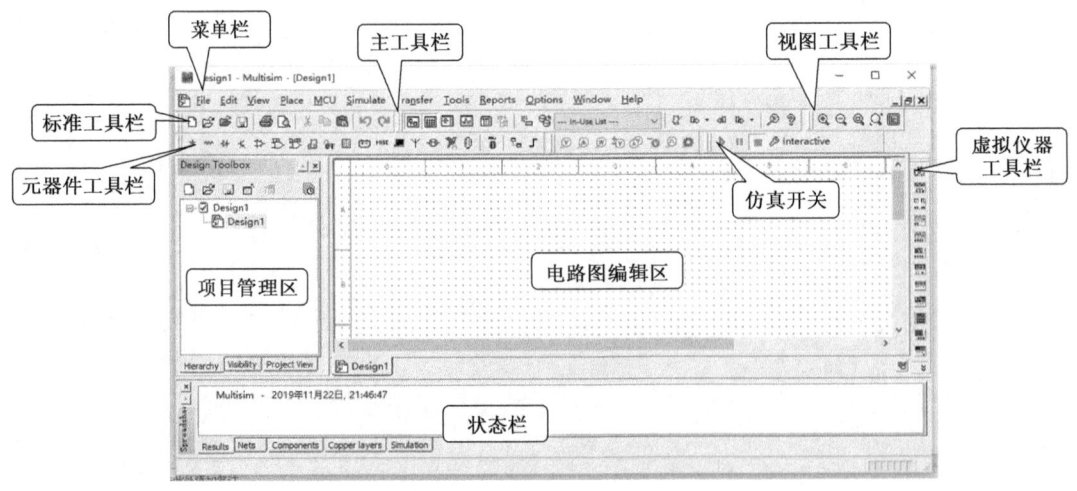

附图1.1 Multisim 14 用户界面

菜单栏与 Windows 应用程序相似,如附图 1.2 所示。

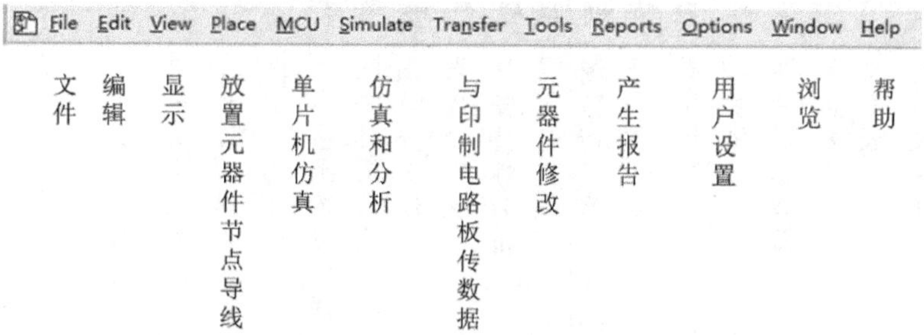

附图1.2 Multisim 14 菜单栏

其中，Options 菜单下的 Global Preferences 和 Sheet Properties 可进行个性化界面设置，Multisim 14 提供两套电气元器件符号标准：

ANSI：美国国家标准学会，美国标准，默认为该标准，本章采用默认设置；

DIN：德国国家标准学会，欧洲标准，与中国符号标准一致。

工具栏是标准的 Windows 应用程序风格。

标准工具栏：

视图工具栏：

附图1.3 是主工具栏及按钮名称，附图1.4 是元器件工具栏及按钮名称，附图1.5 是虚拟仪器工具栏及仪器名称。

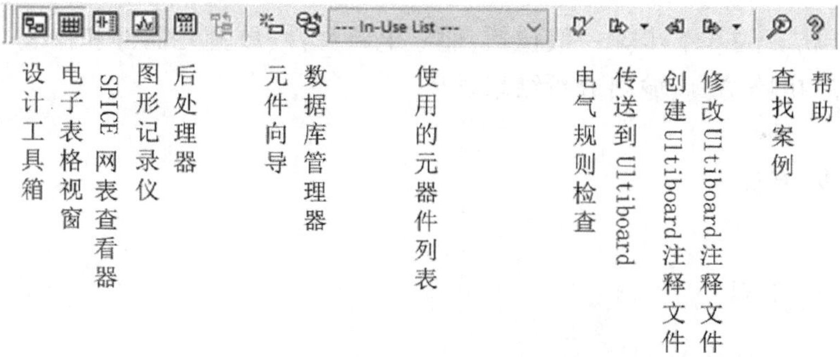

附图1.3 Multisim 14 主工具栏

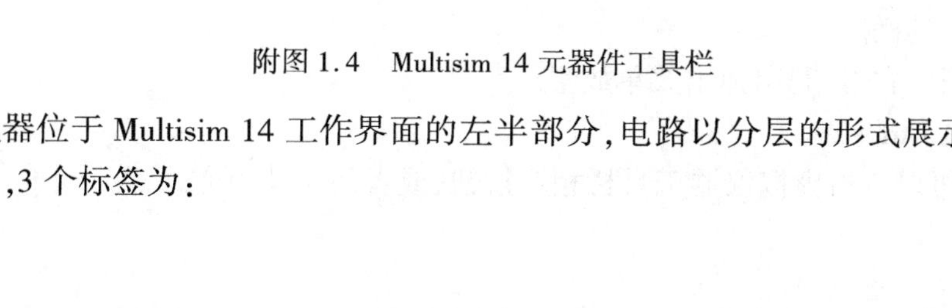

附图1.4 Multisim 14 元器件工具栏

项目管理器位于 Multisim 14 工作界面的左半部分，电路以分层的形式展示，主要用于层次电路的显示，3 个标签为：

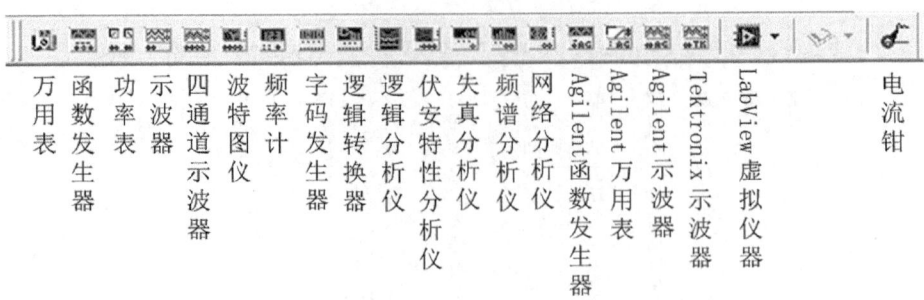

附图 1.5　Multisim 14 虚拟仪器工具栏

Hierarchy：对不同电路的分层显示，单击"新建"按钮将生成 Circuit2 电路；
Visibility：设置是否显示电路的各种参数标识，如集成电路的引脚名；
Project View：显示同一电路的不同页。

附录 1.2　Multisim 14 仿真基本操作

附 1.2.1　Multisim 14 仿真的基本步骤

Multisim 14 仿真的基本步骤一般包括：建立电路文件、放置元器件和仪表、元器件编辑、连线和进一步调整、电路仿真、输出分析结果。

附 1.2.2　具体方式

1. 建立电路文件

具体建立电路文件的方法有：
(1) 打开 Multisim 14 时自动打开空白电路文件 Design1，保存时可以重新命名。
(2) 菜单 File/New。
(3) 工具栏 New 按钮。
(4) 快捷键 Ctrl + N。

2. 放置元器件和仪表

放置元器件的方法有：
(1) 菜单 Place/Component。
(2) 元件工具栏。
(3) 在绘图区右击，利用弹出菜单放置。
(4) 快捷键 Ctrl + W。
放置仪表可以点击虚拟仪器工具栏相应按钮，或者使用菜单方式。

以晶体管单管共射放大电路放置+12V电源为例,点击元器件工具栏放置电源按钮(Place Source),得到如附图1.6所示界面。

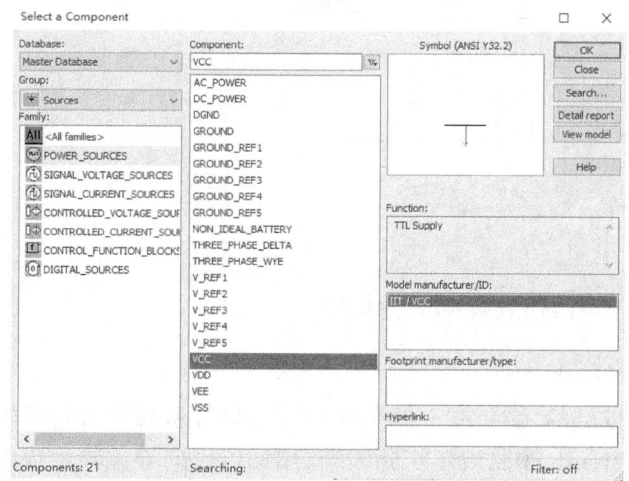

附图1.6　放置电源(软件截图)　　　　　附图1.7　修改电压源的电压值(软件截图)

放置好电源后,双击电源修改参数,将电压值修改为12V,如附图1.7所示。同理,放置接地端和电阻,如附图1.8所示。

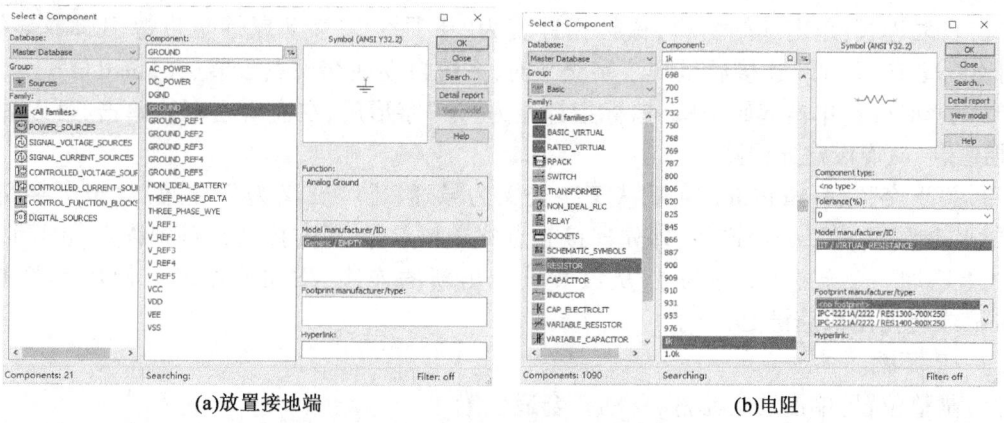

(a)放置接地端　　　　　　　　　　(b)电阻

附图1.8　放置接地端和电阻(软件截图)

附图1.9为放置了元器件和仪器仪表的效果图,其中左下角是函数信号发生器,右上角是双通道示波器。

3.元器件编辑

1)元器件参数设置

双击元器件,弹出相关对话框,选项卡包括:
(1)Label:标签,Ref des 编号,由系统自动分配,可以修改,但须保证编号唯一性。
(2)Display:显示。
(3)Value:数值。
(4)Fault:故障设置,Leakage 漏电;Short 短路;Open 开路;None 无故障(默认)。
(5)Pins:引脚,各引脚编号、类型、电气状态。

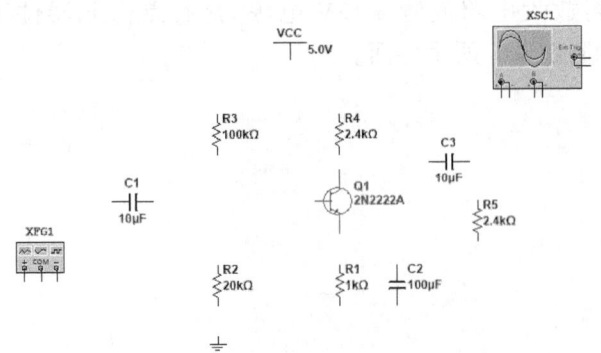

附图 1.9　放置元器件和仪器仪表(软件截图)

2) 元器件向导(component wizard)

对特殊要求,可以用元器件向导编辑自己的元器件,一般是在已有元器件基础上进行编辑和修改。方法是:菜单 Tools/ Component Wizard,按照规定步骤编辑,用元器件向导编辑生成的元器件,放置在 User Database(用户数据库)中。

4. 连线和进一步调整

连线:

(1)自动连线:单击起始引脚,鼠标指针变为"十"字形,移动鼠标至目标引脚或导线,单击,则连线完成,当导线连接后呈现丁字交叉时,系统自动在交叉点放节点(junction)。

(2)手动连线:单击起始引脚,鼠标指针变为"十"字形后,在需要拐弯处单击,可以固定连线的拐弯点,从而设定连线路径。

(3)关于交叉点,Multisim 14 默认丁字交叉为导通,十字交叉为不导通,对于十字交叉而希望导通的情况,可以分段连线,即先连接起点到交叉点,然后连接交叉点到终点;也可以在已有连线上增加一个节点(junction),从该节点引出新的连线,添加节点可以使用菜单 Place/Junction,或者使用快捷键 Ctrl + J。

进一步调整:

(1)调整位置:单击选定元件,移动至合适位置。

(2)改变标号:双击进入属性对话框更改。

(3)显示节点编号以方便仿真结果输出:菜单 Options/Sheet Properties/Sheet visibility/Net Names,选择 Show All。

(4)导线和节点删除:右击/Delete,或者点击选中,按键盘 Delete 键。

附图 1.10 是连线和调整后的电路图,附图 1.11 是显示节点编号后的电路图。

5. 电路仿真

基本方法有:

(1)按下仿真开关,电路开始工作,Multisim 14 界面的状态栏右端出现仿真状态指示。

(2)双击虚拟仪器,进行仪器设置,获得仿真结果。

附图 1.12 是示波器界面,双击示波器,进行仪器设置,可以点击 Reverse 按钮将其背景反色,使用两个测量标尺,显示区给出对应时间及该时间的电压波形幅值,也可以用测量标尺测量信号周期。

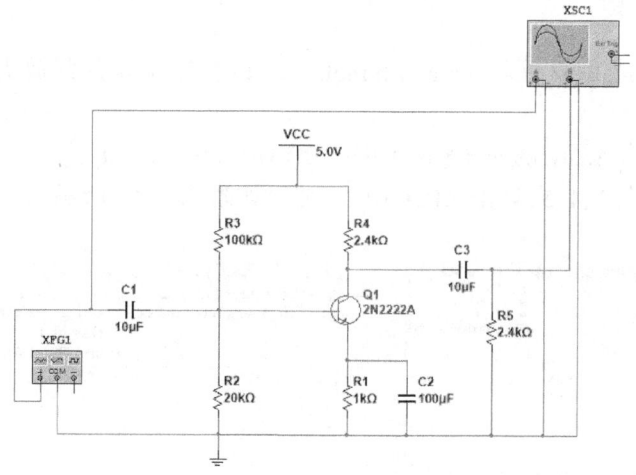

附图 1.10 连线和调整后的电路图(软件截图)

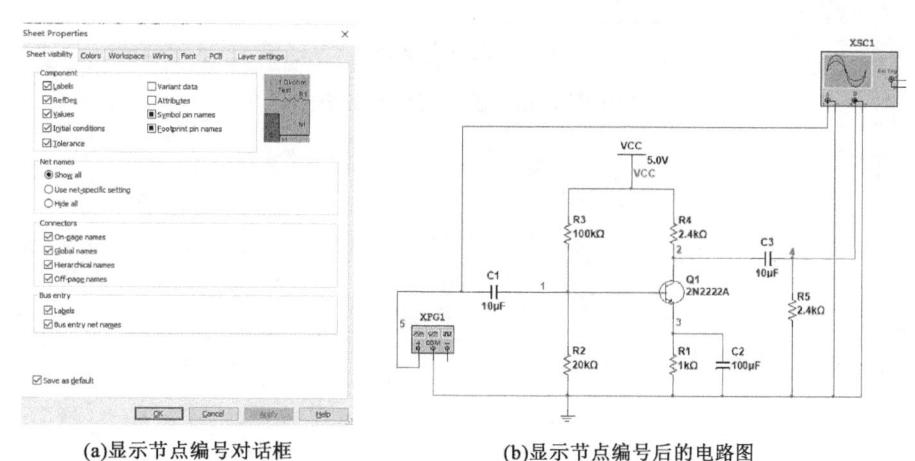

(a)显示节点编号对话框　　　　(b)显示节点编号后的电路图

附图 1.11 电路图的节点编号显示(软件截图)

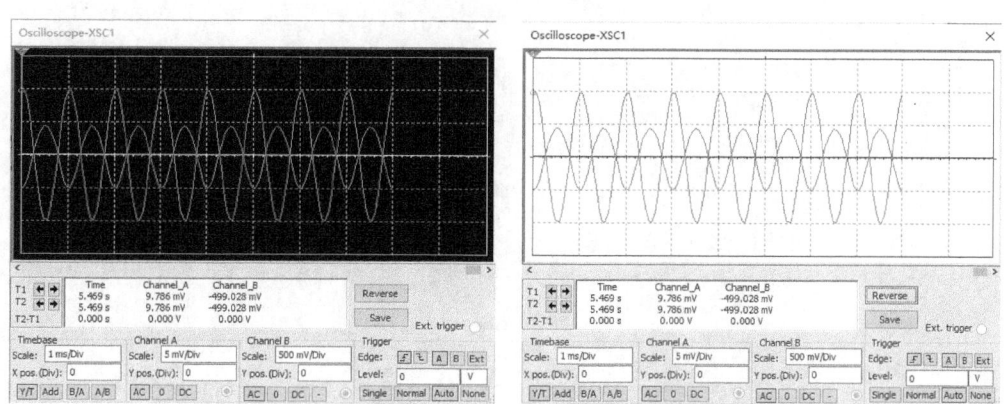

附图 1.12 示波器界面(右图为点击 Reverse 按钮将背景反色)

6. 输出分析结果

使用菜单命令 Simulate/Analyses and Simulation,以上述单管共射放大电路的静态工作点分析为例,步骤如下:

(1)菜单 Simulate/Analyses and Simulation/DC Operating Point。

(2)选择输出节点 1、4、5,点击 ADD、RUN,结果如附图 1.13 所示。

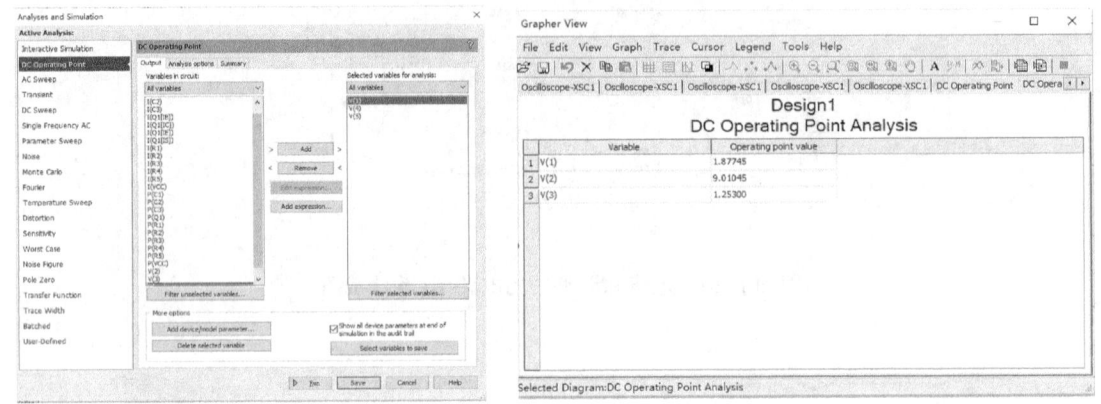

附图 1.13　静态工作点分析

附录2 常用电子仪器的使用说明

附录 2.1 DT9205A 数字万用表

附 2.1.1 简介

DT9205A 是以大规模集成电路、双积分 A/D（模/数）转换器为核心，配以全功能过载保护电路，可用来测量交流、直流电压，交流、直流电流，电阻、电容、二极管正向导通电压，三极管电流放大系数，电路通断等，同时具有自动关机功能（约 15min），是目前使用比较广泛、大众化、性价比较高的一款产品。

附 2.1.2 面板介绍

DT9205A 控制面板如附图 2.1 所示。各部分含义如下。

①屏幕显示区：该仪表是三位半式数字万用表，数字显示由 0000～1999，最高位只有 0 或 1 两种状态。

②三极管插座：根据三极管类型插入 PNP 或 NPN 插孔测 β 值。

③功能量程旋钮（转换开关）：打在不同挡完成不同测量。
Ω：电阻挡；F：电容挡；A ⎓：直流电路挡；A～：交流电流挡；V ⎓：直流电压挡；V～：交流电压挡。

④三极管电流放大倍数 β 挡。

⑤符合欧盟指令。

⑥VΩ 端子：用于电压、电阻、通断性、二极管、电容等测量的输入端子。

⑦重要的安全信息，请参阅说明书。

⑧COM 公共端：适应于所有测量的公共接线端。

⑨mA 端子：用于交流电和直流电的 mA 测量（最高可测量 200mA）的输入端子。

⑩20A 端子：用于交流电和直流电的 mA 测量（最高可测量 20A）的输入端子。

⑪二极管、蜂鸣挡：▶︎⊢ 显示二极管的正向压降；))) 蜂鸣器。

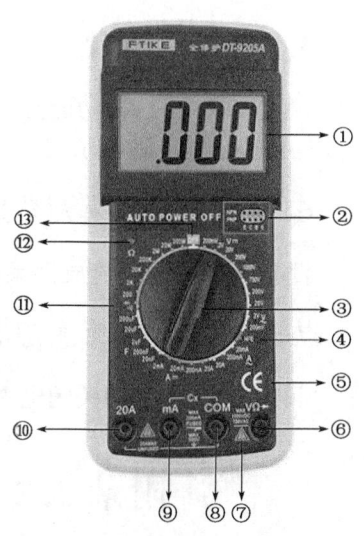

附图 2.1 DT9205A 控制面板

⑫通断指示灯。
⑬电源开关。

附2.1.3　使用方法

1. 插孔的选择

数字式万用表一般都有四个表笔插孔,黑表笔插入COM插孔,红表笔根据测量需要插入相应的插孔。测量电压和电阻时,应插入VΩ插孔;测量电流时,注意有两个电流插孔,一个是测量小电流的,一个是测量大电流的,应根据被测电流的大小选择合适的插孔。

2. 量程的选择

根据被测量选择合适的量程范围,测直流电压置于DCV量程,交流电压置于ACV,电阻置于Ω量程。当数字万用表仅在最高位显示"1"时,说明已超过量程,需调高一挡。改变量程时,表笔一端应开路。用数字万用表测量电压时,应注意它能测量的最高电压(交流有效值),以免损坏万用表的内部电路。测量电流时,切忌超量程。不允许用电阻挡和电流挡测量电压。测量未知电压、电流时,应先将功能转换开关置于高量程挡,然后再逐步调低,直至合适的挡位。

3. 交流信号的测量

测量交流信号时,被测信号波形应是正弦波,频率不能超过仪表的规定值;否则将引起较大的测量误差。

4. 红黑表笔的接法

与模拟万用表不同,数字式万用表红表笔接内部电池的正极,黑表笔接内部电池的负极。

5. 二极管的测量

测量二极管时,将功能开关置于"▶︎|"挡,这时的显示值为二极管的正向压降,单位为V;若二极管接反,则显示"1"。

6. 晶体管电流放大系数的测量

测量晶体管的电流放大系数时,由于工作电压仅为2.8V,测量的只是一个近似值。

7. 使用完毕后的注意事项

测量完毕,应立即关闭电源。若长期不用,则应取出电池,以免电池漏电。

附录2.2　SDS 1202X-E 双通道示波器

附2.2.1　简介

SDS 1202X-E是一款通道带宽200MHz、采样率1GSa/s、存储深度达14Mpts的双通道示波器,具有优异的信号保真度,最小量程达到 500μV/div,采用数字触发系统,触发灵敏度高,触发抖动小,波形捕获率高达 400000 帧/s(Sequence 模式),还有丰富的测量和数学运算功能,是一款高性能经济型通用示波器。

附 2.2.2　控制面板介绍

控制面板如附图 2.2 所示。各部分名称如附表 2.1 所示。

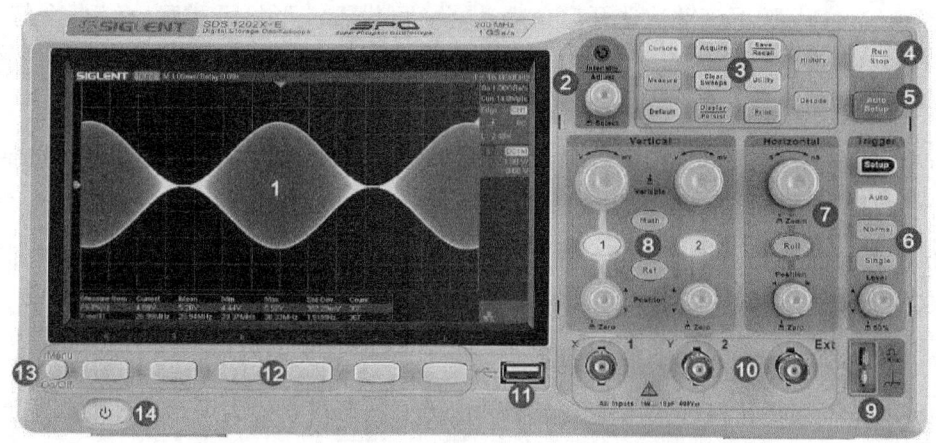

附图 2.2　SDS 1202X – E 控制面板

附表 2.1　SDS 1202X – E 控制面板编号说明

编号	说明	编号	说明
①	屏幕显示区	⑧	垂直通道控制区
②	多功能旋钮	⑨	补偿信号输出端/接地端
③	常用功能区	⑩	模拟通道和外触发输入端
④	停止/运行	⑪	USB Host 端口
⑤	自动设置	⑫	菜单软键
⑥	触发系统	⑬	Menu on/off 软键
⑦	水平控制系统	⑭	电源软开关

对部分常用的功能加以说明如下:

②多功能旋钮:菜单操作时,若某个菜单软键上有旋转图标,按下该菜单软键后,旋钮上方的指示灯被点亮,此时旋转旋钮,可以直接设置该菜单软键显示值;若按下旋钮,可调出虚拟键盘,通过虚拟键盘直接设定所需的菜单软键值。

③常用功能区:

Cursors :按下该键直接开启光标功能。示波器提供手动和追踪两种光标模式,另外还有垂直和水平两个方向的两种光标测量类型。

Measure :按下该键快速进入测量系统,可设置测量参数、统计功能、全部测量、Gate 测量等。测量可选择并同时显示最多任意四种测量参数,统计功能则统计当前显示的所有选择参数的当前值、平均值、最小值、最大值、标准差和统计次数。

　　Default:按下该键快速恢复至用户自定义状态。

　　Acquire:按下该键进入采样设置菜单。可设置示波器的获取方式(普通/峰值检测/平均值/增强分辨率)、内插方式、分段采集和存储深度(7K/70K/700K/7M/14K/140K/1.4M/14M)。

　　Clear Sweeps:按下该键进入快速清除余辉或测量统计,然后重新采集或计数。

　　Display/Persist:按下该键快速开启余辉功能。可设置波形显示类型、色温、余辉、清除显示、网格类型、波形亮度、网格亮度、透明度等。选择波形亮度/网格亮度/透明度后,通过多功能旋钮调节相应亮度。透明度指屏幕弹出信息框的透明程度。

　　Save/Recall:按下该键进入文件存储/调用界面。可存储/调出的文件类型包括设置文件、二进制数据、参考波形文件、图像文件、CSV 文件、Matlab 文件和 default 键预设。

　　Utility:按下该键进入系统辅助功能设置菜单。设置系统相关功能和参数,例如接口、声音、语言等。

　　Print:按此按键保存界面图像到 U 盘中。

　　History:按下该键快速进入历史波形菜单。历史波形模式最大可录制 80000 帧波形。

　　Decode:解码功能按键。按下该键打开解码功能菜单。

　　④停止/运行(Run/Stop):按下该键可将示波器的运行状态设置为"运行"或"停止"。"运行"状态下,该键黄灯被点亮;"停止"状态下,该键红灯被点亮。

　　⑤自动设置(Auto Setup):按下该键开启波形自动显示功能。示波器将根据输入信号自动调整垂直挡位、水平时基及触发方式,使波形以最佳方式显示。

　　⑥触发系统(Trigger):

　　Setup:按下该键打开触发功能菜单。

　　Auto:按下该键切换触发模式为 Auto(自动)模式。

　　Normal:按下该键切换触发模式为 Normal(正常)模式。

　　Single:按下该键切换触发模式为 Single(单次)模式。

　　⑦水平控制系统(Horizontal):

　　水平挡位旋钮:修改水平时基挡位。顺时针旋转减小时基,逆时针旋转增大时基。修改过程中,所有通道的波形被扩展或压缩,同时屏幕上方的时基信息相应变化。按下该按钮快速开启 Zoom 功能。

　　水平 position:修改触发位移。旋转旋钮时触发点相对于屏幕中心左右移动。修改过程中,所有通道的波形同时左右移动,屏幕上方的触发位移信息也会相应变化。按下该按钮可将触发位移恢复为 0。

　　Roll:按下该键快速进入滚动模式。滚动模式的时基范围为 50ms/div～100s/div。

　　⑧垂直通道控制区(Vertical):

　　垂直电压挡位旋钮:修改当前通道的垂直挡位。顺时针转动减小挡位,逆时针转动增大挡位。修改过程中波形幅度会增大或减小,同时屏幕右方的挡位信息会相应变化。按下该按钮可快速切换垂直挡位调节方式为"粗调"或"细调"。

垂直 position:修改对应通道波形的垂直位移。修改过程中波形会上下移动,同时屏幕中下方弹出的位移信息会相应变化。按下该按钮可将垂直位移恢复为 0。

1或2:模拟输入通道。两个通道标签用不同颜色标识,且屏幕中波形颜色和输入通道连接器的颜色相对应。按下通道按键可打开相应通道及其菜单,连续按下两次则关闭该通道。

Math:按下该键打开波形运算菜单。可进行加、减、乘、除、FFT(快速傅里叶变换)、积分、微分、平方根等运算。

Ref:按下该键打开波形参考功能。可将实测波形与参考波形相比较,以判断电路故障。

⑨补偿信号输出端/接地端:首次使用探头时,应进行探头补偿调节,使探头与示波器输入通道匹配。未经补偿或补偿偏差的探头会导致测量偏差或错误。

补偿调节方法:首先,按 Default 将示波器恢复为默认设置。其次,将探头的接地鳄鱼夹与探头补偿信号输出端下面的"接地端"相连;将探头 BNC 端连接示波器的通道输入端,另一端连接示波器补偿信号输出端。最后,按 Auto Setup 键,观察示波器显示屏上的波形,正常情况下应显示附图 2.3 所示波形。

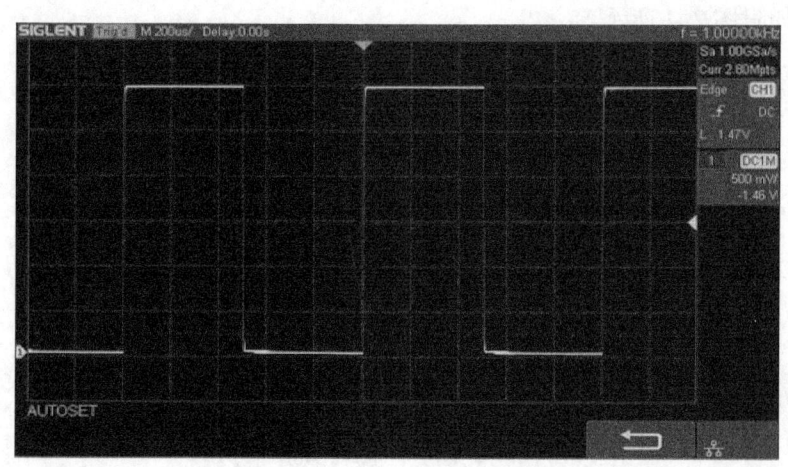

附图 2.3　补偿适当波形

⑩模拟通道(CH1、CH2)和外触发输入端(EXT):模拟输入通道的输入信号均可以作为触发源。外部触发源可用于示波器多个模拟通道同时采集数据的情况下,在【EXT】通道上外接触发信号。触发信号(例如:外部时钟、待测电路信号等)将通过【EXT】连接器接入 EXT 触发源。

⑪USB Host 端口:用于连接 U 盘进行外部存储。可将示波器当前的设置、波形、屏幕图像以及 CSV 文件保存到内部存储器或外部 USB 存储设备(例如 U 盘)中,并可以在需要时重新调出已保存的设置或波形。

⑫菜单软键:与其上面的菜单一一对应,按下任意一软键激活对应的菜单,即可进行相关设置。

附录 2.3　SPD3303C 可编程线性直流电源

附 2.3.1　简介

SPD3303C 是一款 LED 显示屏幕的可编程线性直流电源。它具有三组独立输出：两路可调输出和一路固定输出，其中两路可调输出电源具有恒压与恒流自动转换功能。恒压模式下，电源输出电压从 0 至标称电压值之间任意可调；恒流模式下，输出电流从 0 至标称电流值之间连续可调。两路可调电源间又可以任意进行串联或并联，串联模式下，输出电压是单通道的两倍；并联模式下，输出电流为单通道的两倍。另一路固定输出可选择电压值 2.5V/3.3V/5V，电流值 3.2A。三组电源均具有输出短路和过载保护。而且它采用 100V/120V/220V/230V 兼容设计，满足不同电网需求；同时还具有存储和调用设置参数功能，以及完善的 PC 平台软件控制，可通过 USBTMC 实现实时控制。

附 2.3.2　控制面板介绍

控制面板如附图 2.4 所示。

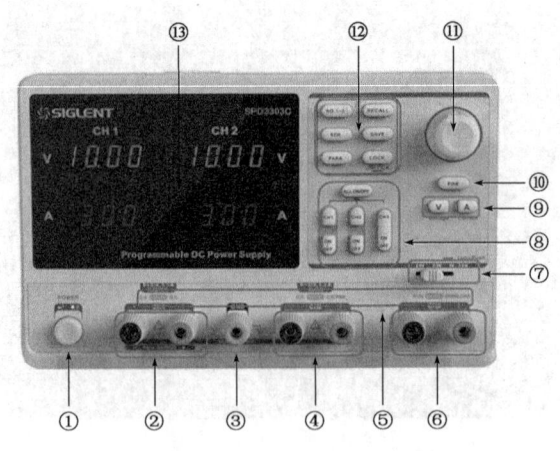

附图 2.4　SPD3303C 控制面板

①电源开关：按下(即 ▇ 位置)，机器处于"开"状态；反之，开关弹起(即 ▇ 位置)，处于"关"状态。

②CH1 输出端：一路可调电源输出端的接线端子。

③公共接地端。

④CH2 输出端：二路可调电源输出端的接线端子。

⑤CV/CC 指示灯：恒压/恒流指示灯。前两路通道亮黄灯表示 CV 模式，亮红灯表示 CC 模式。第三路通道，当输出电流超过 3.2A 时，过载指示灯显示红灯，CH3 操作模式从 CV 转变为 CC 模式。注意："overload"这种状态，不表示异常操作。

⑥CH3 输出端：固定电源输出端接线端子。

⑦CH3 挡位拨码开关：切换此开关，可选择所需挡位——2.5V、3.3V、5V。
⑧通道控制按键：

ALL ON/OFF ——开启/关闭所有通道；

CH1 ——选择 CH1 为当前操作通道；

CH2 ——选择 CH2 为当前操作通道；

ON/OFF ——开启/关闭当前通道输出；

CH3 ON/OFF ——开启/关闭 CH3 输出。

⑨选择当前参数设置：V——电压设置；A——电流设置。
⑩FINE：开启细调功能，参数以最小步进变化。
⑪多功能旋钮：调节各通道输出的电压值或电流值。
⑫系统参数配置按键：

NO.1-5 ——按该键选择存储位置；

SER ——设置 CH1/CH2 串联模式；

PARA ——设置 CH1/CH2 并联模式；

RECALL ——进入存储系统，调出状态参数设置；

SAVE ——进入存储系统，保存状态参数设置；

LOCK ——长按开启/关闭锁键功能。

⑬显示界面：上面一排显示的是两路可调输出通道的电压值，下面一排显示的是两路可调输出通道的电流值。

附2.3.3 使用方法步骤

1.双路可调电源独立输出

CH1 和 CH2 的输出工作在独立的控制状态，如附图 2.5 所示，CH1 与 CH2 均与地隔离。输出额定电压值为 0～32V，电流值为 0～3.2A。

附图 2.5　CH1 和 CH2 独立输出示意图

具体操作步骤如下：

(1)确定并联 PARA 键和串联 SER 键关闭（按键灯不亮）。

(2)连接负载到 CH1 +/- 或 CH2 +/- 端子。

(3)设置 CH1/CH2 输出电压和电流:首先,按键 V (或 A)选择需要修改的参数(电压或电流),然后,旋转多功能旋钮改变相应参数值(按下 FINE 键,可以进行细调)。

(4)打开输出:按下输出键 ON/OFF ,相应通道指示灯被点亮,输出显示 CV 或 CC 模式。

2. 双路可调电源串联模式输出

在串联模式下,输出电压为单通道的两倍,CH1 与 CH2 在内部连接成一个通道,CH1 为控制通道,如附图 2.6 所示。输出额定电压值为 0~64V,电流值为 0~3.2A。

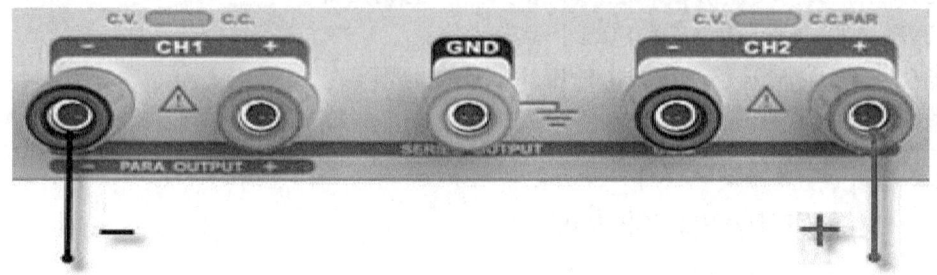

附图 2.6 CH1/CH2 串联模式示意图

具体操作步骤如下:

(1)按下 SER 键启动串联模式,按键灯点亮。

(2)连接负载到 CH2 + 和 CH1 - 端子。

(3)按下 CH1 按键,并设置 CH1,设定电流为额定值 3.2A。

(4)按下 CH1 开关(灯点亮),使用多功能旋钮来设置输出电压和电流值。

(5)打开输出:按下输出键 ON/OFF ,相应通道指示灯被点亮。

3. 双路可调电源并联模式输出

在并联模式下,输出电流为单通道的两倍,内部进行了并联连接,CH1 为控制通道,如附图 2.7 所示。输出额定电压值为 0~32V,电流值为 0~6.4A。

附图 2.7 CH1/CH2 并联模式示意图

具体操作步骤如下:

(1)按下 PARA 键启动并联模式,按键灯点亮。

(2)连接负载到 CH1 +/- 端子。

(3)按下 CH1 开关,通过多功能旋钮来设定电压和电流值。
(4)打开输出:按下输出键 ON/OFF ,相应通道指示灯被点亮。

4. 固定电源独立输出

CH3 输出额定值为 2.5V、3.3V、5V、3.2A,独立于 CH1/CH2,如附图 2.8 所示。

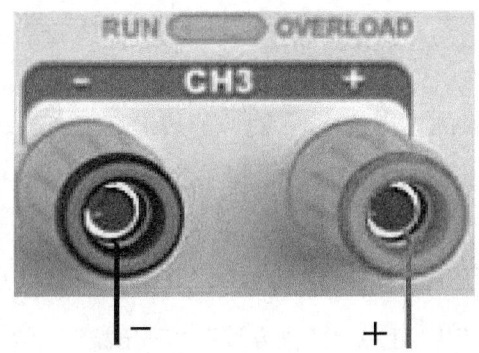

附图 2.8　CH3 独立输出示意图

具体操作步骤如下:
(1)连接负载到 CH3 +/- 端子。
(2)使用 CH3 拨码开关,选择所需挡位:2.5V、3.3V、5V。
(3)打开输出:按下输出键"ON/OFF"打开输出,同时按键灯点亮。
(4)CV→CC 转换:当输出电流超过 3.2A 时,过载指示灯显示红灯,CH3 操作模式从恒压转变为恒流模式。
说明:"overload"这种状态,不表示异常操作。

附录 2.4　SDG1062X 双通道函数信号发生器

附 2.4.1　简介

SDG1062X 是一台具有稳定度高、功能多等特点的双通道函数信号发生器。最大输出频率 60MHz,最大输出幅度 $20V_{pp}$,采样率 150MSa/s,能产生正弦波、方波、三角波、脉冲波、高斯白噪声以及 1μHz～6MHz 的任意波形,具备极高的调节分辨率和调节范围,还有丰富的模拟和数字调制功能,以及丰富的通信接口。

附 2.4.2　控制面板介绍

SDG1062X 的控制面板如附图 2.9 所示。
①电源开关:用于开启或关闭信号发生器。
②菜单键:与其上面的菜单一一对应,按下任意一软键激活对应的菜单。

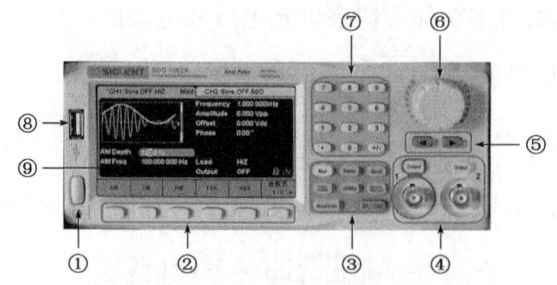

附图 2.9　SDG1062X 控制面板

③常用功能区:该功能区的按键选中时,对应的按键灯将变亮。

Mod——调制。可输出经过调制的波形,提供多种调制方式,可产生 AM、DSB - AM、FM、PM、ASK、FSK、PSK 和 PWM 调制信号。

Sweep——扫频。可产生"正弦波"、"方波"、"三角波"和"任意波"的扫频信号。

Burst——脉冲串。可产生"正弦波"、"方波"、"三角波"、"脉冲波"、"噪声"和"任意波"的脉冲串输出。

Parameter——参数设置键。可直接切换到设置参数的界面,进行参数的设置。

Utility——辅助功能与系统设置。用于设置系统参数。

Store/Recall——存储与调用。可存储/调出仪器状态或者用户编辑的任意波形数据。

Waveforms——波形选择键。可以选择 Sine、Square、Ramp、Pulse、Noise、DC 和 Arb。

CH1/CH2——用于切换 CH1 或 CH2 为当前选中通道。

④双通道输出端:左边的 Output 按键用于开启或关闭 CH1 的输出,当 Output 打开时(按键灯变亮),以 CH1 当前配置输出波形;右边的 Output 按键用于开启或关闭 CH2 的输出,当 Output 打开时(按键灯变亮),以 CH2 当前配置输出波形。

⑤方向键:在使用旋钮设置参数时,用于切换数值的位。使用数字键盘输入参数时,左方向键用于删除光标左边的数字。

⑥旋钮:在参数设置时,旋转旋钮用于增大(顺时针)或减小(逆时针)当前突出显示的数值。

⑦数字键盘:用于输入参数,包括数字键 0~9、小数点"."、符号键"+/-"。注意,要输入一个负数,需要在输入数值时输入一个符号"-"。

⑧USB Host:支持 FAT 格式的 U 盘。可以读取 U 盘中的波形或状态文件,或将当前的仪器状态存储到 U 盘中。

⑨用户界面:用以显示当前功能的菜单和参数设置、系统状态和提示信息等内容。

附 2.4.3　使用方法

为了更快速地掌握和运用 SDG1062X,现以两个实例加以说明。

1. 输出正弦波波形

例如:输出一个频率为 50kHz、幅值为 $5V_{pp}$、偏移量为 $1V_{dc}$ 的正弦波波形。

具体操作如下:

(1) 设置频率值:选择常用功能区中 Waveforms→Sine→【频率/周期】→频率,然后使用数字键盘输入"50"→选择单位"kHz"→50kHz。

(2) 设置幅度值:选择【幅值/高电平】→幅值,使用数字键盘输入"5"→选择单位"V_{pp}"→$5V_{pp}$。(注意:V_{rms} 表示有效值。)

(3) 设置偏移量:选择【偏移量/低电平】→偏移量,使用数字键盘输入"1"→选择单位"V_{dc}"→$1V_{dc}$。

将频率、幅度和偏移量设定完毕后,选择当前所编辑的通道输出,按下对应通道的 Output 键,便可输出所设定的正弦波,如附图 2.10 所示。

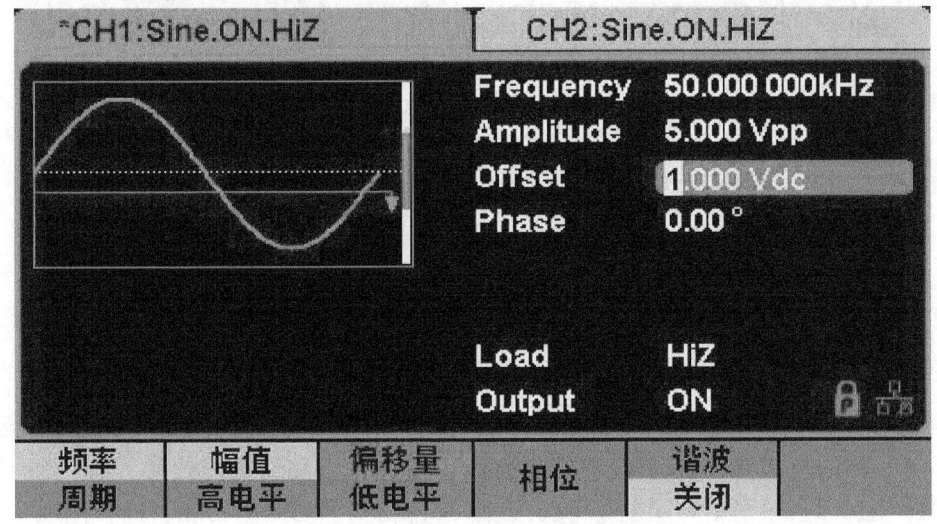

附图 2.10 输出正弦波(软件截图)

2. 输出方波波形

例如:输出一个频率为 50kHz、幅值为 $5V_{pp}$、偏移量为 $1V_{dc}$、占空比为 60% 的方波波形。

具体操作如下:

(1) 设置频率值:选择常用功能区中 Waveforms→Square→【频率/周期】→频率,使用数字键盘输入"50"→选择单位"kHz"→50kHz。

(2) 设置幅度值:选择【幅值/高电平】→幅值,使用数字键盘输入"5"→选择单位"V_{pp}"→$5V_{pp}$。

(3) 设置偏移量:选择【偏移量/低电平】→偏移量,使用数字键盘输入"1"→选择单位"V_{dc}"→$1V_{dc}$。

(4) 设置占空比:选择【占空比】,使用数字键盘输入"60"→选择单位"%"→60%。

将频率、幅度、偏移量和占空比设定完毕后,选择当前所编辑的通道输出,按下对应通道的

Output 键,便可输出所设定的方波波形,如附图 2.11 所示。

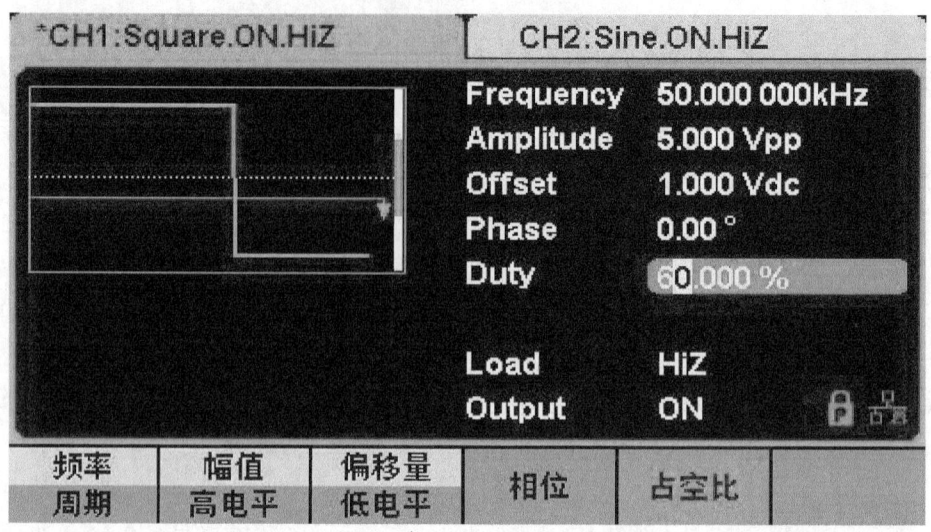

附图 2.11　输出方波(软件截图)

附录 2.5　TC1931D 交流毫伏表

附 2.5.1　简介

交流毫伏表是用来测量正弦交流电压有效值的。TC1931D 是采用单片机技术、集模拟与数字技术于一体的智能化全自动 4 位数显型交流毫伏表,可测量两路信号,具有测量精度高、速度快、输入阻抗高、频率影响误差小等特点,兼具自动和手动测量功能,可同时显示电压值和 dB 或 dBm 值。

附 2.5.2　主要技术指标

(1) 电压测量范围:$100\mu V \sim 300V$。
(2) 测量电压频率范围:$5Hz \sim 2MHz$。
(3) dB 测量范围:$-80 \sim +50dB(0dB = 1V)$。
(4) dBm 测量范围:$-77 \sim 52dBm(0dBm = 1mW, 600\Omega)$。
(5) 输入电阻:$10M\Omega$。
(6) 输入电容:不大于 30pF。

附 2.5.3　控制面板

TC1931D 的控制面板如附图 2.12 所示。

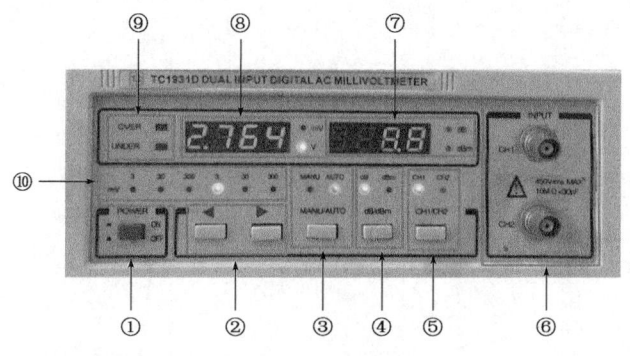

附图2.12　TC1931D 控制面板

①电源开关:按下(即■位置),机器处于"开"状态;反之,开关弹起(即■位置),处于"关"状态。

②手动量程切换:用于上方各种电压量程手动选择。

③手动/自动转换:当选择 MANU 时,表示进入手动量程选择,对应上方标有 MANU 的指示灯亮起;当选择 AUTO 时,表示进入自动量程选择,仪器根据被测量自动选择合适量程,对应上方标有 AUTO 的指示灯亮起。

④dB/dBm 选择:选择后对应的指示灯会亮起。

⑤两路输入通道选择:选择哪路通道,对应的指示灯就会亮起。

⑥两路输入通道接口:选择 CH1 或 CH2 时对应接入被测信号。

⑦信号功率显示。

⑧信号有效值显示。

⑨过量程/欠量程指示灯。

⑩各种电压量程。